尾矿的综合利用与尾矿库的管理

印万忠　李丽匣　编

北　京
冶 金 工 业 出 版 社
2013

内 容 提 要

本书系统介绍了尾矿的综合利用及尾矿坝管理的基本知识，着重介绍了尾矿和尾矿坝的基本知识、尾矿的减排和综合利用现状、尾矿坝的设计和操作、尾矿库的管理和尾矿库的安全。内容全面反映了近年来尾矿综合利用的现状和进展，以尾矿库溃坝的实例，对尾矿库现存的问题进行了分析，提出了尾矿库安全管理的措施。

本书可供从事矿业管理的相关人员、科研、设计人员和高等院校师生参考。

图书在版编目(CIP)数据

尾矿的综合利用与尾矿库的管理/印万忠，李丽匣编．—北京：冶金工业出版社，2009.7(2013.1 重印)
ISBN 978-7-5024-4965-0

Ⅰ.尾…　Ⅱ.①印…　②李…　Ⅲ.①尾矿利用 ②尾矿—矿山安全—安全管理　Ⅳ.TD926.4

中国版本图书馆 CIP 数据核字(2009)第 108451 号

出 版 人　谭学余
地　　址　北京北河沿大街嵩祝院北巷 39 号，邮编 100009
电　　话　(010) 64027926　电子信箱　yjcbs@cnmip.com.cn
策划编辑　张　卫　责任编辑　李　雪　美术编辑　张媛媛
版式设计　葛新霞　责任校对　栾雅谦　责任印制　牛晓波
ISBN 978-7-5024-4965-0
冶金工业出版社出版发行；各地新华书店经销；三河市双峰印刷装订有限公司印刷
2009 年 7 月第 1 版，2013 年 1 月第 2 次印刷
148mm×210mm；6.25 印张；184 千字；189 页
28.00 元

冶金工业出版社投稿电话：(010)64027932　投稿信箱：tougao@cnmip.com.cn
冶金工业出版社发行部　电话：(010)64044283　传真：(010)64027893
冶金书店　地址：北京东四西大街 46 号(100010)　电话：(010)65289081(兼传真)

前 言

我国是一个矿业生产大国，矿业固体废料的积存量和年排放量十分巨大。矿产资源开发利用过程中产生的尾矿已成为最大的工业固体废弃物，约占总量的80%。每年产生的矿山尾矿达到6.5亿t，累计库存70亿t以上，仅冶金矿山堆存的尾矿就达60余亿t，并以每年4～5亿t的排放量剧增；铁矿山排土场堆存的废石量高达200多亿t，并且以每年9亿t以上的排放量剧增。固体废料多以自然堆积法储存于尾矿坝中，从而占用了大量宝贵的土地资源，污染着矿区与周边地区的环境，造成生态环境恶化，同时也造成大量有价金属与非金属资源流失，成为矿山发展的严重制约因素。很明显，改进尾矿设施设计，降低管理维护成本，发展节地、节能、节材、环保利废的新型工业是尾矿处理的有效途径，也必将对我国的可持续发展产生重大而深远的影响。

另外，尾矿库引发的地质灾害事故是不可忽视的重大社会问题。近几年我国发生的几起尾矿库溃坝事件，如2006年河北省迁安市庙岭沟铁矿闭库尾矿库的溃坝事故，镇安县黄金有限责任公司尾矿库增容施工造成垮塌，2007年山西宝山矿业有限公司尾矿库溃坝事故，辽宁省鞍山市海城鼎洋矿业有限公司选矿厂5号尾矿库溃坝事故，2008年太原娄烦县境内的太钢尖山铁矿排土场的重大垮塌事故，襄汾县新塔矿业公司尾矿库的溃坝事故，均造成了人民生命财产的巨大损失。尾矿设施是矿山生产设施的重要组成部分，它既是兴利设施，同时又是一个重大的危险源。尾矿库一旦失事，会给尾矿库下游人民生命财产造成灾难性的损失。因此，尾矿库的建设与维护管理成为矿山生产建设管理的重中之重。

在矿产资源日趋重要的形势下，合理开发尾矿资源，保证尾矿库的安全，对社会经济和生态环境的意义十分重要。研究尾矿的利用途径和尾矿坝的管理，就是将尾矿变废为宝，化害为利，走出一条资源开发与环境保护相协调的矿业发展道路，即“绿色矿业”之路。基于此，作者编写了此书，目的是能为矿山管理人员和技术工作者在尾矿综合利用和尾矿库安全管理方面提供参考。

本书由印万忠、李丽匣共同编写，共分 5 章，包括尾矿和尾矿坝的基本知识、尾矿的减排和综合利用现状、尾矿坝的设计和操作、尾矿库的管理和尾矿库的安全等内容。全书由印万忠教授统稿和整理。

本书的编写和出版，得到了东北大学各级领导的关怀和支持，也得到了冶金工业出版社的大力协助，在此表示衷心的感谢。

由于作者水平有限，书中疏漏之处，敬请广大读者指正。

作者：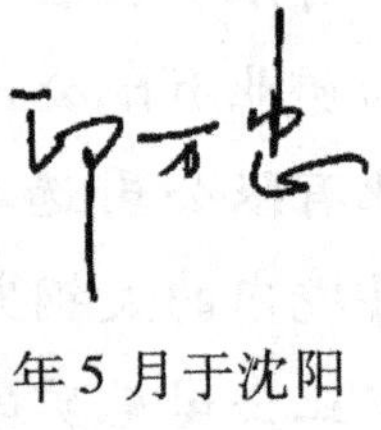

2009 年 5 月于沈阳

目　录

1 尾矿及其尾矿坝

我国是一个矿业生产大国，矿业固体废料的积存量和年排放量十分巨大，每年产生的矿山尾矿达到6.5亿t，累计库存70亿t以上。目前，这类废料多以自然堆积法储存于尾矿坝中，这些尾矿不仅要侵占大量的土地，污染着矿区与周边地区的环境，而且每年还需要投入大量处理这些废料的资金，尾矿已成为矿山企业沉重的包袱。很明显，改进尾矿设施设计，降低管理维护成本，发展节地、节能、节材、环保利废的新型工业是尾矿处理的有效途径，也必将对我国的可持续发展产生重大而深远的影响。

尾矿设施是矿山生产设施的重要组成部分，尾矿设施既是兴利设施，但它同时又是一个重大的危险源，其各组成部分中以尾矿库最为重要。尾矿库一旦失事，会给尾矿库下游人民生命财产造成灾难性的损失。因此，尾矿库的建设与维护管理成为矿山生产建设管理的重中之重。

矿产资源是人类生存和发展的重要物质基础之一，矿产资源包括金属矿、非金属矿和能源矿三大类。我国95%的能源和85%的原材料都来自矿产资源。随着生产力的发展和科学技术水平的提高，人类利用矿产资源的种类、数量愈来愈多，利用范围愈来愈广。到目前为止，全世界已发现的矿物有3300多种，其中具有工业意义的有1000多种，每年开采各种矿产150亿t以上，包括废石在内则达1000亿t以上。以矿产品为原料的基础工业和相关加工工业产值约占全部工业产值的70%。由于矿产资源开发过程中丢弃的大量废石和尾矿所带来的环境污染，成为当今世界持续发展面临的最重要的问题之一。因此，矿产资源的合理开发对社会经济和生态环境的意义均十分重要。

在工业上用量最大，对国民经济发展有重要意义的金属矿产主要有铁、锰、铜、铅、锌、铝、镍、钨、铬、锑、金、银等。以上矿石储量和开采量都很大，但因矿石的品位普遍较低，多数为贫矿，需要经过选矿加工后才能作为冶炼原料，所以就产生出大量的尾矿，如铁尾矿产出约占原矿石量的60%以上。随着经济发展对矿产品需求的大幅度增加，矿产资源开发规模随之加大，尾矿的产出量还会不断增加。为了管理好这些尾矿，就需要实施相应的尾矿工程，包括尾矿坝的修筑、尾矿输送设备、输送管路的铺设以及平时的经营管理，故需要耗费大量人力、物力、财力，并要占用大量的农田、山地。随着尾矿量的增加，尾矿坝越堆越高，堆坝和管理工作量越来越大，越来越困难，细粒尾矿还会对大气、土壤和水资源产生严重污染。尾矿库还有发生事故的危险，一旦发生，后果十分严重。因此，研究尾矿的利用途径和尾矿坝的管理，就是将这些尾矿变废为宝，化害为利，走出一条资源开发与环境保护相协调的矿业发展道路。

近年来，国外非常重视尾矿的综合利用研究，如英国、前苏联、加拿大、美国等均投入大量的资金，研究尾矿的综合利用技术，并取得了明显的社会效益和经济效益。我国在金属矿山尾矿综合利用研究方面也取得了一定的进展和成绩。面临矿产资源严重缺乏的形势，越来越多的人认识到尾矿利用具有经济意义、环境保护效益和矿产资源持续供给的作用。尾矿利用的重要性，现已得到普遍认同，并列入"中国21世纪议程"第一批优先项目中。

1.1 尾矿的定义及类型

1.1.1 尾矿的定义

尾矿，就是选矿厂在特定经济技术条件下，将矿石磨细、选取"有用组分"后所排放的废弃物，也就是矿石选别出精矿后剩余的固体废料。一般是由选矿厂排放的尾矿矿浆经自然脱水后所形成的固体矿业废料，是固体工业废料的主要组成部分，其中含有一定数量的有用金属和矿物，可视为一种"复合"的硅酸盐、碳酸盐等矿物材料，并具有粒度细、数量大、成本低、可利用性大的特点。通常尾矿作为固体废料排入河沟或抛置于矿山附近筑有堤坝的尾矿库中，因此，尾矿是矿业开发、特别是金属矿业开发造成环境污染的重要来源。同时，因受选矿技术水平、生产设备的制约，也是矿业开发造成资源损失的常见途径。因此尾矿具有二次资源与环境污染双重特性。

1.1.2 尾矿的分类

1.1.2.1 尾矿的选矿工艺类型

不同种类和不同结构构造的矿石，需要不同的选矿工艺流程，而不同的选矿工艺流程所产生的尾矿，在工艺性质上，尤其在颗粒形态和颗粒级配上，往往存在一定的差异，按照选矿工艺流程，尾矿可分为如下类型：

（1）手选尾矿。手选适合于结构致密、品位高、与脉石界限明显的金属或非金属矿，因此，尾矿一般呈大块的废石状。根据对原矿石的加工程度不同，又可进一步分为矿块状尾矿和碎石状尾矿，前者粒度差别较大，但多在 100 ~ 500mm 之间，后者多在 20 ~ 100mm 之间。

（2）重选尾矿。重选是利用有用矿物与脉石矿物的密度差和粒度差选别矿石，一般采用多段磨矿工艺，致使尾矿的粒度组成范围比较宽。分别存放时，可得到单粒级尾矿，混合贮存时，可得到符合一定级配要求的连续粒级尾矿。按照作用原理及选矿机械的类型不同，可进一步分为跳汰选矿尾矿、重介质选矿尾矿、摇床选矿尾矿、溜槽选矿尾矿等，其中前两种尾矿粒级较粗，一般大于 2mm。后两种尾矿粒级较细，一般小于 2mm。

（3）磁选尾矿。磁选主要用于选别磁性较强的铁锰矿石，尾矿一般为含有一定量铁质的造岩矿物，粒度范围比较宽，一般从 0.05mm 到 0.5mm 不等。

（4）浮选尾矿。浮选是有色金属矿产最常用的选矿方法，其尾矿的典型特点是粒级较细，通常在 0.5 ~ 0.05mm 之间，且小于 0.074mm 的细粒级占绝大部分。

（5）化学选矿尾矿。由于化学药剂在浸出有用元素的同时，也对尾矿颗粒产生一定程度的腐蚀或改变其表面状态，一般能提高其反应活性。

（6）电选及光电选尾矿。目前这种选矿方法用的较少，通常用于分选砂矿床或尾矿中的贵重矿物，尾矿粒度一般小于 1mm。

1.1.2.2 尾矿的岩石化学类型

按照尾矿中主要组成矿物的组合搭配情况，可将尾矿分为如下8种岩石化学类型：

（1）镁铁硅酸盐型尾矿。该类尾矿的主要组成矿物为$Mg_2[SiO_4]\cdot Fe[SiO_4]$系列橄榄石和$Mg_2[Si_2O_6]\cdot Fe[Si_2O_6]$系列辉石，以及它们的含水蚀变矿物：蛇纹石、硅镁石、滑石、镁铁闪石、绿泥石等，一般产于超基性和一些偏基性岩浆岩、火山岩、镁铁质变质岩、镁矽卡岩中。在外生矿床中，富镁矿物集中时，可形成蒙脱石、凹凸棒石、海泡石型尾矿。其化学组成特点为富镁、富铁、贫钙、贫铝，且一般镁大于铁，无石英。

（2）钙铝硅酸盐型尾矿。该类尾矿的主要组成矿物为$CaMg[Si_2O_6]\cdot CaFe[Si_2O_6]$系列辉石、$Ca_2Mg_5[Si_4O_{11}](OH)_2\cdot Ca_2Fe_5[Si_4O_{11}](OH)_2$系列闪石、中基性斜长石，以及它们的蚀变、变质矿物：石榴子石、绿帘石、阳起石、绿泥石、绢云母等，一般产于中基性岩浆岩、火山岩、区域变质岩、钙矽卡岩中。与镁铁硅酸盐型尾矿相比，其化学组成特点是：钙、铝进入硅酸盐晶格，含量增高；铁、镁含量降低，石英含量较小。

（3）长英岩型尾矿。该类尾矿主要由钾长石、酸性斜长石、石英及其它们的蚀变矿物：白云母、绢云母、绿泥石、高岭石、方解石等构成，产于花岗岩自变型矿床、花岗伟晶岩矿床、与酸性侵入岩和次火山岩有关的高、中、低温热液矿床、酸性火山岩和火山凝灰岩自蚀变型矿床、酸性岩和长石砂岩变质岩型矿床、风化残积型矿床、石英砂及硅质页岩型沉积矿床。它们在化学组成上具有高硅、中铝、贫钙、富碱的特点。

（4）碱性硅酸盐型尾矿。这类尾矿在矿物成分上以碱性硅酸盐矿物（如碱性长石、似长石、碱性辉石、碱性角闪石、云母）及其它们的蚀变、变质矿物（如绢云母、方钠石、方沸石等）为主。产于碱性岩中的稀有、稀土元素矿床，可产生这类尾矿。根据尾矿中的SiO_2含量，可分为：碱性超基性岩型、碱性基性岩型、碱性酸性岩型三个亚类，其中，第三亚类分布较广，在化学组成上，这类尾矿以富碱、贫硅、无石英为特征。

(5) 高铝硅酸盐型尾矿。这类尾矿的主要组成成分为云母类、叶蜡石类等层状硅酸盐矿物，并常含有石英。常见于某些蚀变火山凝灰岩型、沉积页岩型以及它们的风化、变质型矿床的矿石中。化学成分上，表现为富铝、富硅、贫钙、镁，有时钾、钠含量较高。

(6) 高钙硅酸型尾矿。这类尾矿主要矿物成分为透辉石、透闪石、硅灰石、钙铝榴石、绿帘石、绿泥石、阳起石等无水或含水的硅酸钙岩。多分布于各种钙矽卡岩型矿床和一些区域变质矿床。化学成分上表现为高钙、低碱、SiO_2一般不饱和、铝含量一般较低的特点。

(7) 硅质岩型尾矿。这类尾矿的主要矿物成分为石英及其二氧化硅变体。包括石英岩、脉石岩、石英砂岩、硅质页岩、石英砂、硅藻土以及二氧化碳含量较高的其他矿物和岩石。自然界中，这类矿物广泛分布于伟晶岩型、火山沉积-变质型、各种高温、中温、低温热液型、层控砂（页）岩型以及砂矿床型的矿石中。SiO_2 含量一般在 90% 以上，其他元素含量一般不足 10%。

(8) 碳酸盐型尾矿。这类尾矿中，碳酸盐矿物占绝对多数，主要为方解石或白云石。常见于化学或生物-化学沉积岩型矿石中。在一些充填于碳酸盐岩层位中的脉状矿体中，也常将碳酸盐质围岩与矿石一道采出，构成此类尾矿。根据碳酸盐矿物是方解石，还是白云石为主，又可进一步分为钙质碳酸盐型尾矿和镁质碳酸盐型尾矿两个亚类。

1.1.3 尾矿的特点

1.1.3.1 *尾矿是丰富的二次资源*

我国矿山固体废物排放量大，目前，全国工业固体废物综合利用率平均 43%，其中冶炼废渣、粉煤灰、煤矸石的利用率分别为 83.7%、47.9%、38.0%，而尾矿利用率仅为 8% 左右，但尾矿并非只有百害而无一利的废物，大量有用成分损失在尾矿中。就铁矿山而言，1997 年排出的尾矿量为 1.5 亿 t，平均含铁 11%，最高达 29%，相当于有 1600 万 t 的金属铁损失于尾矿中。若能回收尾矿中所含铁的 10%，从全国年产出的铁尾矿中，可回收品位 60% 左右的铁精矿约 300 万 t，相当于一个年产铁矿石 1000 万 t 左右的大型铁矿。我国云锡公司有28个尾矿库，35座尾矿坝，累计尾矿1亿多t，含锡达20多万t，还伴生有铅、锌、铋、铜、铁、砷等。此外，由于我国早期选金水平较低，尾矿中的含金量普遍很高。如河南省的金矿尾矿中金的含量大于(0.8 ~ 1.2)g/t，这在一些发达国家完全可以当成矿石用。湖北三鑫金铜股份有限公司年产尾矿量约52.8万t，尾矿中具有再回收利用价值的元素有金、铜、铁，按每年选矿处理矿石量60万t计，该尾矿每年可回收金8928g、银6510g、铜3.72t、铁精矿1.248万t、硫65.1t。尾矿中绝大部分是非金属矿物，有石英、长石、绢云母、石榴子石、硅灰石、透辉石、方解石等，是许多非金属材料的原料。陕西双王金矿选金尾矿中含有纯度很高的钠长石，储量达数亿t，成为仅次于湖南衡山的第二大钠长石基地，如只作为金矿回收金时，尾矿中就浪费了相当可观的重要的非金属矿资源钠长石，若加工成半成品钠长石粉，其价值就高达200亿元。因此，随着采选业的蓬勃发展，尾矿资源将源源不断的增加，这是一个尚未被挖掘且潜力很大的“二次资源”。若能充分加以开发和利用，则可创造出不可估量的财富。

1.1.3.2　*尾矿粒度细、泥化严重*

尾矿的粒度大小与矿石性质以及选矿过程有关，但一般多为细砂至粉砂，具有较低的孔隙度，水分含量也较高，并具有一定的分选性和层理。我国多数矿山矿石嵌布粒度细，共生复杂，为获得高品位精矿，多数采用细磨后选别。因此，排出的尾矿中的有价物质多以细粒、微细粒存在，尾矿泥化与氧化程度较高，同时还有未单体解离的连生体存在，相对难磨难选。

据有关资料统计，各矿山尾矿 -0.074mm 含量在50%以下的为28.57%，占50% ~ 70%的为42.86%，占70%以上的为28.57%。多数矿山尾矿平均粒径为0.04 ~ 0.15mm。如西石门铁矿的尾矿，-74μm占70%；-38μm占50%。这样的尾矿不需要磨矿就可直接进行回收和加工利用。湘西金矿沃溪矿区的1号尾矿库堆存的老尾矿有35.27万t，所含金、锑、钨的平均品位分别为4.18g/t、0.714%、0.16%，该尾矿中的金为微细粒金，其中 -10μm 微粒金占29.61%，而且与脉石关系密切，与脉石连生及包裹的金占39.77%。金的粒度特性和赋存状态决定了该尾矿中的微粒级金损失严重，回收难度大。

由于尾矿是矿石磨选后的最终剩余物，因此含有大量的矿泥，且矿泥以细粒、微细粒形式存在，严重干扰尾矿中有价物质的回收。虽然粒度细的尾矿对某些建材制品的强度会产生不利影响，但只要根据其粒度、性质找出不同的回收利用途径，也会发挥更大的效益。

1.1.3.3 尾矿资源量庞大、种类繁多

由于矿床成矿条件和成因不同，故矿石类型及主要伴生元素也存在差异，相应的选厂尾矿的性质也有所不同。据不完全统计，国内金属矿山堆存的尾矿中铁矿占1.3亿t，各种有色金属尾矿1.4亿t，其余为黄金、煤炭、化工、建材、核工业等矿山所生产的尾矿。我国黄金系统每年排放的尾矿已超2450万t。我国湖北省蛇屋山金矿，在近十年的开采历史中，矿山累积下来了700万t以上的金矿尾矿，并以每年150万t的速度增加。石棉尾矿是一种以蛇纹石为主要成分的危险固体废弃物，在石棉矿的选矿提纯中，生产1t石棉产品会产生27t左右的石棉尾矿。

尾矿种类繁多，性质复杂，以铁矿山为例，鞍山式铁尾矿中90%是石英（玉髓）和绿泥石、角闪石、云母、长石、白云石和方解石等矿物；宁芜式铁尾矿中以透辉石、阳起石、磷灰石、碱性长石、黄铁矿及硬石膏等为主；马钢型铁尾矿以透辉石、阳起石、磷灰石、长石、石膏、高岭土、黄铁矿为主，含铝量较高；邯郸型铁尾矿以透辉石、角闪石、阳起石、硅灰石、蛇纹石、黄铁矿为主，钙、镁含量较高；酒钢型铁尾矿以石英、重晶石、碧玉为主，钙、镁、铝含量均较低；大冶、攀枝花、白云鄂博等矿山尾矿中含有铜、钴、钒、钛，有的含有价值很高的贵金属和稀有元素等。

1.2 选矿与尾矿

选矿就是对开采出来的原生矿石进行分级和选别，使得有用矿物富集到满足冶炼要求的品位，或使之达到一定使用要求的质量等级的过程。矿石经选矿后，所得到的有用矿物部分称为精矿，暂时尚不能被利用或不打算利用的部分即为尾矿。

尾矿已成为大多数矿山企业最重要的环境影响源。然而，长期以

来由于偏重于有用矿物提取，而把尾矿看作单纯的废料，因而局限了人们对尾矿影响的环境意识和技术意识，很少作为独立的整体系统地来论述尾矿—选矿废水—尾矿库基础土壤—地下水之间的极其复杂的物理、化学、生物的作用过程和特性。由于在尾矿库选址、设计和渗漏影响方面的缺陷，使许多矿山因尾矿管理不当而长期蒙受重大经济损失。近些年来，由于各国政府和公众对未来的关注，环境立法逐渐形成，环境影响必然成为建设约束，许多拟建矿山因尾矿库环境工程不当而使矿山投资陷于困境。

尾矿是矿物提纯的副产物，矿物加工过程在很大程度上决定尾矿的性质。如果在尾矿库总体设计中充分考虑采矿和选矿过程引起的各种化学、物理、生物作用，就可能非常有效地减少尾矿管理问题和经费。如果矿山在运营之中，也可能有比较多的机会改变加工流程，以在一定程度上改善或缓解尾矿库问题。尾矿的产生主要发生在以下几个过程中。

（1）采矿过程。在矿石开采过程中所使用的油料、化学药品和炸药等造成的污染，这些污染物再经大量的矿山排水而运移。有时这些矿山排水用于后面的单元作业，有时在排至尾矿库之前加以处理，供作它用。然而，大多数矿山将这些矿山水排至尾矿库。开采过程中所产生的废石，通常排至排土场，或用作筑路材料。在废石含有硫化物的场合，由于空气、阳光和细菌引起风化作用和氧化作用，硫化物氧化最终生成硫酸，再从岩石溶解出其他成分。如果这类废石排至尾矿库区，则需要拦截和处理酸性渗漏水，以使排放水满足特定的环境规范和准则。

（2）破碎、磨矿和分选过程。一般的选矿工艺主要包括破碎、磨矿、分选三个基本工序。破碎系统把块状原矿粒度破碎到磨矿设备所能接受的尺寸进入磨矿，磨矿是物理破碎矿石到尾矿粒级的最后阶段。尾矿粒度取决于硬岩碎块研磨过程中颗粒解离的程度和原矿中黏土含量。例如，铜尾矿主要由研磨母岩所产生的硅酸盐颗粒组成，而磷酸盐尾矿主要反映原矿的极高黏土含量，而不是由于磨矿产生的碎粒。

经过破碎和磨矿的剧烈物理冲击，余下来的尾矿颗粒通常是坚硬的，具有棱角状，即便磨至粉砂粒级也显示出棱角性，但页岩组成的矿物例外，它们具有高的黏土含量，尾矿反映母岩粉砂和黏土颗粒的形状和硬度。

为了确定经济价值矿物和可能的药剂消耗量，必须进行全面的矿物组成检验。这样的检验可能决定性地影响回收有用矿物的加工类型及尾矿库设计。一旦选定加工过程，则必须研究处理前后物料的矿物学以及排至尾矿库的固体物的矿物学。

磨碎的最佳程度必须考虑溶浸、焙烧—溶浸或可能的选矿循环诸如跳汰、浮选、高强度磁选、重介质选别等。例如溶浸法，为了获得最大提取量，有时需细磨，以促使单体颗粒的比表面积最大。对于浮选法，磨至极细粒度可能产生不利影响。最佳粒度尺寸通常由中试厂详细选矿试验来确定。

浮选是应用最广泛的选矿方法，在选别过程中大量使用浮选药剂，即捕收剂、起泡剂和调整剂。因此，也可以说是尾矿废水造成污染的化学成分的较早指示。根据所分离的矿物类型不同，所用药剂也不相同。在某些情况下，有些矿物如铝和钼，也用低浓度的氰化物作为浮选药剂。

选矿所得的精矿被运送到冶炼厂或使用用户，尾矿则就地或就近排放到尾矿库中。由于通常选矿厂的磨矿与选别工序是在矿浆状态下进行的，因此，刚刚从选矿厂排出的尾矿一般呈流体状态。从选矿厂排出的尾矿浆，先用浓缩设备初步脱水后，将其用管道输送至尾矿库中，经过一段时间后，水分逐渐被淋失，即形成尾矿砂堆积。由于排矿出口的水力分级作用，在尾矿库中，尾矿的粒度分布及矿物组成往往存在不均匀现象，这一点，对于尾矿开发工作者来说，应引起高度重视，如果采样或取料方式不合理，往往会造成产品质量的波动。

与尾矿有关的最普通的问题就是硫化矿物氧化引起尾矿内酸的生成。风化过程硫化物转变成硫酸亚铁和硫酸铁，后成氢氧化铁和硫酸释放，因为酸性废水处理很困难，且费用也很高，故应防止酸产生及从尾矿库中排出。预防尾矿中酸性条件产生的最有效方法是在尾矿排至尾矿库之前，在选厂设置分离过程，通过选矿流程将硫化物组分与脉石的非硫化物组分（硅酸盐、氧化物、碳酸盐等）分离，并将硫化物分存。加拿大矿物能源技术中心采用浮选方法能处理含2%黄铁矿的铀尾矿，除去98%的黄铁矿、70%～75%的镭（^{226}Ra）和60%的铀和钍。最终尾矿包含0.05%～0.08%的（黄铁矿形式）硫、0.003%～0.004%的铀、0.01%的钍和50%～60%的^{226}Ra。当然，由于浮选时添加了必要的添加剂，废水中将含有这些化学药品，必须考虑其对环境的影响。

（3）溶浸过程。溶浸，通过磨碎的矿石颗粒与溶剂接触，从中提取有用矿物。进入溶浸阶段的材料可能是低品位矿石、精矿或难选的多金属矿石。近些年来，为回收铜、金或银等金属，极低品位的尾矿重新利用引起了人们的关注，很感兴趣，且在多数情况下采用溶浸法。由于高品位矿石的减少和尾矿处理技术的蓬勃发展，现已发展有堆浸、原位浸出、地下破碎岩石的就地浸出。业已证明，如果常温和常压下大气浸出消耗酸量过大，采用压力浸出是很有效的；如果处理含沥青铀矿石、铀矿石和钛铀矿石、铜矿石和某些难选的含砷黄铁矿的金矿石，细菌浸出是很有效的。溶剂通常根据矿石类型选用强酸性的，如H_2SO_4、HNO_3、HCl、HF，硫脲或其混合物如H_2SO_4+HF，$H_2SO_4+HNO_3$，$H_2SO_4+H_2O_2$；或强碱性溶剂，如Na_2CO_3，$(NH_4)_2CO_3$或碱性氰化物。

采用硫酸或碳酸盐溶浸铀矿石，可有95%～98%的放射性核素保留在固体尾矿中。如果改作硝酸溶浸或氯化物处理，则大部分放射性核素将溶解。

选金的主要问题之一是有毒的氰化物释放到尾矿中。如果采用能够再循环的各种溶浸，不把有毒废水排至环境，当然可取。

溶浸可能改变尾矿的物理性质。例如某铀矿，由于钙—钠置换的结果，酸浸过程中使原矿中蒙脱石黏土矿物转变成尾矿中居优势的高岭土。

随着溶浸技术的改进和矿物学的发展，溶浸回收效果有了显著提高，副产品的回收也得以实现，尾矿特性的改善也将随着某些新技术的应用而得以增进。

（4）固液分离过程。固液分离是选矿中费用最高的单元作业之一，约占基建成本和作业成本的50%。为使尾矿中可溶金属量损失最小，必须在提纯之前充分冲洗、沉淀和澄清。多年来曾采用真空过滤机、压力过滤机、叶滤机、滚筒过滤机和圆盘过滤机。较高效的带式过滤机已在许多选厂应用，由于增强了冲洗效果，使可溶金属损失减少。固液分离通过旋流器和浓缩机可以达到。为了提高分离效果，使用各种添加剂如聚丙烯酰胺，其最终将出现在所排至的尾矿库废水中。所以，在固液分离作业中必须进行充分冲洗，既可防止金属量损失，又可防止污染物排至尾矿库。

为了降低流程的总基建成本和作业成本，为了减少进入尾矿的可溶金属量并防止尾矿库区污染物浓度增大，应当非常重视这一单元作业。矿浆+溶剂或矿浆+树脂的结合可能是达到成本显著降低的主要因素，并能为减少环境影响创造条件。

（5）溶液提纯与金属回收过程。为从溶液中回收金属并满足产品高纯度的要求，可以根据所要回收的金属类型和杂质、预期的品位和金属量，选用某种或某几种溶液提纯方法，包括黏结、沉淀、结晶、离子交换、溶剂萃取、碳吸附、反渗透、液膜和电解。

离子交换和溶剂萃取技术在铀、贵金属、稀土等金属回收中取得了较好的效果。连续的离子交换系统产生浓溶液，送到溶剂萃取系统洗提，以达到所要求的纯化程度。通过添加适当的溶剂萃取药剂可以达到较好的金属选择性，提高提取效率，降低作业成本。但是，某些有机药剂严重污染环境，需要可生物降解的混合物，以促进尾矿中有机物降低。最好是在金属回收之后，在废液排至环境之前，消除污染物并回收氰化物和贱金属。显然，离子交换和溶剂萃取方法也可用于尾矿坝渗漏水的处理。

碳吸附方法主要用于从碱性氰化物溶浸液、溶浸后的溶浸浆体中回收金，目前因离子交换或溶剂萃取的取代而日趋衰落，现广泛应用于消除废液中有机物和其他污染物。

充分的保护和利用资源是冶金企业永恒的目标。由于经济和环境的原因，有的公司已经或正在考虑从已排至尾矿库的尾矿中回收金属和副产品，或者充分利用再循环水。

中和废水产生大量矿泥是冶金企业所关注的主要问题之一。矿泥的一部分是由沉淀的铁组成，因此，有些矿山占用很大的库容堆积黄钾铁钒沉淀物。应当设计一种经济上有利、环境上满足要求的方案替代现行技术。其中，一种可能性是采用溶剂萃取，在循环中消除铁，如果能生产可销售产品如 Fe_2O_3、$FeCl_3$、铁粉或其他化合物，则可从副产品销售中获得经济利益，同时减少尾矿管理的基建成本和作业成本。

回收金、贵金属和稀有金属，如用于电子工业的镓、铟、锗等工艺因分离化学和高纯度化学沉淀剂的进步而发展；贱金属如钴、镍、铜、铅、锌的连续处理工艺已经出现。

为降低浸出成本及废液中和处理成本，不断增大浸出溶液的重复使用，氯化物冶金学的应用将增大金属回收、浸出溶液重复使用、副产品回收和无污染尾矿的可能性。

实际上，所有单元作业构成一个有机整体，工艺过程的选择、设计和优化必然关系到尾矿库工程的经济、能源和环境。总体上讲，在确定工艺流程之前，必须先弄清矿石特性、选矿的前景、可能的浸出剂、预计溶浸液中的杂质、要回收的金属种类、可能的提纯工艺、可能的副产品、环境约束、能源需求量和侵蚀问题。

对于一些非金属矿或富金属矿，有时无须磨矿，而是仅仅通过破碎或手选，即可加以选别与分级，此时所排放的废渣，由于颗粒较大，有时不称其为尾矿，而称作废石或矸石，但从开发角度看，除颗粒粗细有差别外，废石与尾矿在性质上并无根本的区别，也可将这类废石归为尾矿。

1.3　尾矿库（坝）

金属和非金属矿山开采出的矿石，经选矿厂破碎和选别，选出大部分有价值的精矿以后，剩下泥砂一样的“剩余物”，我们称之为尾矿。这些尾矿不仅数量大（每年以亿 t 计算），有些尾矿中还含有暂时未能回收的有用成分，若随意排放，不仅会造成资源流失，更重要的是大面积覆没农田、淤塞河道，造成严重的环境污染，因此，必须将尾矿加以妥善处理。尾矿除一部分可作为建筑材料、充填矿山采空区以及用于海岸造地等外，绝大部分都需要妥善储存在尾矿库内。一般情况下，在山谷口部或洼地的周围筑成堤坝形成尾矿储存库，将尾矿排入库内沉淀堆存，这种专用储存库我们简称之为尾矿坝或尾矿库、尾矿场、尾矿池。

尾矿坝是以尾矿堆置为工程材料，以人工控制总体结构为工程结构的特殊构筑物，用以拦阻尾矿库内的尾矿料及废水，它是尾矿库最主要的构成部分。尾矿堆积有干法堆积形式和湿法堆积形式之分，目前，普遍采用湿法堆积形式。按照尾矿堆积方式的不同，可分为：上游式、中线式、下游式、高浓度尾矿堆积式和水库式尾矿堆积（尾矿库挡水坝）等多种。

尾矿库是一个具有高势能的人造泥石流的危险源。在长达十多年甚至数十年的时间里，各种天然的和人为的不利因素威胁着它的安全。事实一再表明，尾矿库一旦失事，将给工农业生产及下游人民生命财产造成巨大的灾害和损失。

我国目前有接近60%的尾矿库尚未取得安全许可。自2005年以来，每年都有10次左右的尾矿坝溃坝事故。2006年4月30日，陕西安县的一个黄金尾矿库溃坝，造成了17人死亡，5人受伤，冲毁了农田村庄，还造成了水土氰化物污染。2007年11月25日，辽宁海城尾矿库溃坝，造成了13人死亡，38人受伤，还冲毁了几十间房屋。而在国际上，比较严重的有2000年1月30日，在罗马尼亚Baia Mare金矿，大雨和融雪造成溃坝和泥石流，导致污染物注入帝萨河支流，导致鱼类大量死亡，造成下游匈牙利境内200万人饮水中毒；2005年4月14日，美国密西西比州Bang Lake磷矿，磷石膏堆积速度加快，加上大雨导致溃坝，64350m^3带有虾蟹的泥石流涌到沼泽地，导致沼泽内的植物全部死亡。

1.4 尾矿及尾矿坝对环境的影响

随着现代工业化生产的迅速发展和新开矿山数量的陆续增加，尾矿的排放、堆积量也越来越大。目前，仅我国在国民经济中运转的矿物原料约50亿t。世界各国每年采出的金属矿、非金属矿、煤、黏土等在100亿t以上，排出的废石及尾矿量约50亿t。以有色金属矿山累计堆存的尾矿为例，美国达到80亿t，前苏联为41亿m^3。在我国，目前仅冶金矿山堆存的尾矿就达60余亿t以上，并以每年4～5

亿 t 以上的排放量剧增。目前我国铁矿山年排出尾矿量约 1.3 亿 t，有色矿山年排出尾矿量约 1.4 亿 t，黄金矿山每年排出的尾矿量已超 2450 万 t。而且随着经济的发展，对矿产品需求大幅度增加，矿业开发规模随之加大，产生的选矿尾矿数量将不断增加；加之许多可利用的金属矿品位日益降低，为了满足矿产品日益增长的需求，选矿规模越来越大，因此产生的选矿尾矿数量也将大量增加，而大量堆存的尾矿，给矿业、环境及经济等造成不少难题。

（1）矿产资源浪费严重。由于尾矿中不仅含有可再选的金属矿和非金属矿等有用组分，而且就是不可再选的最终尾矿也有不少用途，因此浪费于尾矿中的有用组分数量是相当可观的。在我国由于大多数矿山的矿石品位低，大多呈多组分共（伴）生，矿物嵌布粒度细，再加上我国选矿设备陈旧、老化现象普遍，自动化水平低、管理水平不高、选矿回收率低，其结果是必然造成资源的严重浪费。特别是老尾矿，由于受到当时条件的限制，损失于尾矿中的有用组成更大一些。例如云锡老尾矿数量已达 1 亿 t 以上，其中平均含锡为 0.15%，损失的金属锡达 20 万 t 以上；吉林夹皮沟金矿，老矿区金矿尾矿存量约 30 万 t，含金品位约 0.4～0.6g/t（新尾矿库）、1～1.5g/t（老尾矿库），损失的金的金属量约 1.6t、钼 280t、银 2t、铅 500t；陕西双王金矿，选金尾矿中含有纯度很高的钠长石，储量达数亿 t，成为仅次于湖南衡山的第二大钠长石基地，若加工成半成品钠长石粉，其价值就高达 200 亿元，如只作为金矿回收金时，尾矿中就浪费了相当可观的重要的非金属矿资源钠长石。

目前，我国有色金属矿山的采选综合回收率只有 33%，可见有色金属在尾矿中流失的严重性。就铁矿山而言，年排出尾矿量 1.3 亿 t，平均含铁 11%，相当于有 1410 万 t 的金属铁损失于尾矿中，1997 年全国黄金矿山金的总回收率为 86.46%，约有 18～20t 金存于尾矿中。

（2）堆存尾矿占用大量土地、堆存投资巨大。国内外对于尾矿的处理，不论尾矿中有用矿物是否有回收价值，大都是在地面予以堆存。随着现代工业的飞跃发展，有色金属和非金属需求量的不断增长，矿山选厂排出的尾矿量与日俱增，有的国家已堆积成山，造成灾害，加拿大的克拉布斯湖上游的卡里布老金矿山选矿厂将尾矿直接堆积在湖的东北侧，占地面积达 $25\times10^4m^2$，堆积厚度达 4.5km。经测定证明，湖中沉积物中 As、Pb、Zn 的平均浓度类似于尾矿下部地下水中 As、Pb、Zn 的平均浓度，这表明尾矿中的 As、Pb、Zn 从尾矿堆积区输入到了湖泊中。

尾矿的堆存不仅占用了大量的耕地，还容易造成矿区环境污染、水土流失、植被破坏等。在金矿的选冶工艺中，必定有少量氰化物残存在尾矿中。据有关文献报道，美国、前苏联、加拿大、日本等国的尾矿堆所占用的田地相当惊人，如 1965 年美国选厂排出的尾矿竟占地 200 万英亩（折合 79.92 万 m^2）；人口稠密、国土狭小的日本，迄今为止，尾矿堆积场就达 730 余个，由于尾矿的堆存已使购置土地非常困难。在矿业开发较发达的一些国家中，因尾矿的堆存处理不善，造成严重公害的比比皆是：西班牙 Aznalcollar 尾矿坝 1998 年溃坝，致使下游 4600 万 m^2 区域受到污染。意大利 Stave 尾矿坝 1985 年的溃坝导致了近 300 人死亡和巨大的财产损失。1994 年南非 Merriespruit 尾矿坝溃坝，导致 17 人死亡。1995 年圭亚那 Omai 金矿尾矿坝遭受破坏后，900 名圭亚那人因饮用氰化物污染水死亡。2000 年 10 月，我国广西南丹县尾矿库发生重大垮坝事故，造成 28 人死亡，56 人受伤，直接经济损失 340 万元。2006 年 4 月，河北省迁安市铁矿老尾矿库副坝突然溃决，造成 6 人死亡，直接经济损失 500 万元。山东省莱州市仓上金矿近二十年来产生了大量的尾矿，堆存于仓上村北渤海之滨的仓上尾矿库，存放量近 600 万 m^3，总占地面积 $60hm^2$。由于尾矿库靠近海岸，在降雨季节，随着降雨，大量尾砂冲入渤海，近海受到一定程度的污染。尾矿库寸草不生，遇风尘土飞扬，沿海粉细砂、尾矿砂及顺风向形成的砂尘带可达数千米，最大可影响至莱州市区达 20 余千米。

随着尾矿数量增加，占用土地数量必将继续扩大。据统计，全国矿区被破坏的土地面积达 288 万 hm^2，并且每年以大约 4.67 万 hm^2 的速度增大。另外，修建、维护和维修尾矿库及因建尾矿库征地所需的费用也是相当可观的。尾矿处理设施的基建投资占整个采选企业费用的 5% ~40%，根据 32 个矿山的统计，建坝工程费约达 5370 万元；

尾矿库的维护和维修更要消耗大量的资金。据统计，我国冶金矿山每吨尾矿需尾矿库基建投资1~3元，生产经营管理费用3~5元。全国现有尾矿库7610座，总库容约50亿m^3，堆存尾矿约55亿t。其中正常运行的约有4800座，占63%，危库、险库和危险性较大的病库约有2810座，占37%。每年营运费用就达15亿元，耗资巨大。

(3) 尾矿对自然生态环境的影响。尾矿对自然生态环境的影响具体表现在：

1) 尾矿在选矿过程中经受了破磨，质量减小，表面积较大，堆存时易流动和塌漏，造成植被破坏和伤人事故，尤其在雨季极易引起塌陷和滑坡。而随着尾矿数量的不断增加，尾矿库坝体高度也随之增加，不安全隐患日益增大。近些年最严重的一次尾矿坝事故是云锡大谷都尾矿库溃坝事故，368万t尾矿和泥浆像泥石流一样向下游倾泻，淹埋万亩农田和村庄，伤亡近200人，导致选矿厂停产3年之久。而在气候干旱、风大的季节和地区，尾矿粉尘在大风推动下飞扬至尾矿坝周围地区，造成土壤污染，土地退化，甚至使周围居民致病。

2) 尾矿成分及残留选矿药剂对生态环境的破坏严重，尤其是含重金属的尾矿，其中硫化物产生酸性水进一步淋浸重金属，其流失将对整个生态环境造成危害。残留于尾矿中的氯化物、氰化物、硫化物、松油、絮凝剂、表面活性剂等有毒有害药剂，在尾矿长期堆存时会受空气、水分、阳光作用和自身相互作用，产生有害气体或酸性水，加剧尾矿中重金属的流失，流入耕地后，破坏农作物生长或使农作物受污染；流入水系则又会使地面水体和地下水源受到污染，毒害水生生物；尾矿流入或排入溪河湖泊，不仅毒害水生生物，而且会造成其他灾害，有时甚至涉及相当长的河流沿线。目前，我国因尾矿造成直接污染土地面积已达百万亩，间接污染土地面积1000余万亩。

1964年，英国威尔士北部的巴尔克铅锌矿尾矿池被洪水冲刷，尾矿流失后毁坏了大片肥沃的草原，其覆荒层厚达0.5m。在一般土壤中，铅锌含量超过0.05%，就会严重毒害植物和牲畜，而覆盖的尾矿层中，有的铅锌含量高达6%~8%，对土壤污染的严重程度可想而知。美国由于选矿与选煤及尾矿池与废石堆所产生的化学与物理污染，使14480km（900mile）以上河流的水质恶化。美国佛罗里达州的磷酸盐矿，在开采和选矿过程中产出大量的呈悬浮状的胶质尾矿与矿泥，由于储存池的两座高坝倒坝，因而磷酸盐泥浆淹没周围地区，河流和平原地带矿泥泛滥成灾，造成了大范围的环境污染；英国特罗根铅锌矿的尾矿粉尘被吹到弗林特撤尔地区，而弗龙勾茨铅锌矿的尾矿粉尘又被刮到威尔士中部地区，造成了大范围的空气污染。西班牙 Aznalollar 尾矿坝溃坝后，水中的金属浓度大大提高，造成严重的地下水污染。Carson 河由于被倒入 Hg 浓度含量超过几百倍的尾矿，严重污染了下游的 Lahontan 水库和 Slillwater 野生生物区。玻利维亚 Porco 矿尾矿坝 1996 年释放了大约 23.5 万 m^3 尾矿水流入到 RicPilaya 流域，造成了 As、Sb、Cd 等重金属含量提高，甚至在离矿区 20km 处还有影响。意大利 Sardinia 现用的 Masua 铅锌矿尾矿坝和废弃的 Montevecchio 铅锌矿尾坝渗流水流过区域的土壤和水，发现含有较严重的重金属 Pb、Zn、Cd、Cu 污染。

大量尾矿已成为制约矿业持续发展，危及矿区及周边生态环境的重要因素。纵观发展矿业所遇到的严峻挑战，在矿石日趋贫化、资源日渐枯竭、环境意识日益增强的今天，解决困扰的根本出路在于依赖二次资源的开发利用，尾矿综合利用是矿业可持续发展的必然选择。

2 尾矿的减排与综合利用

2.1 尾矿的成分与性质

尾矿的成分包括化学成分和矿物成分，尾矿的性质既包括尾矿自身的物理性质，也包括与建材生产有关的物理化学性质。不同成分和性质的尾矿，除影响到建材生产过程中的工艺参数外，也是决定其开发方向的主要依据。

2.1.1 尾矿的化学成分与矿物成分

尾矿由矿体的部分围岩和夹石，以及矿石中的脉石矿物所构成，因此，其化学成分和矿物成分一方面受矿体主岩岩性的控制；另一方面，又受到矿化类型与围岩蚀变的制约。一般来说，岩浆堆积型、火山喷溢型、同生沉积型、区域变质型矿床的尾矿，其化学成分与主岩成分基本近似；而接触交代型、热液型、风化型矿床的尾矿，则主要取决于矿化和围岩蚀变类型。此外，选矿回收率也对尾矿成分具有一定影响。

无论何种类型的尾矿，其主要组成元素，不外乎 O、Si、Ti、Al、Fe、Mn、Mg、Ca、K、P、H 等几种，但它们在不同类型的尾矿中，其含量差别很大，且具有不同的结晶化学行为。

在镁铁硅酸盐型尾矿中，Si 以 $[SiO_4]$ 四面体形式组成岛状、链状、层状硅酸盐骨干，形成橄榄石、辉石、蛇纹石、水镁石、蒙脱石、海泡石、凹凸棒石等镁、铁硅酸盐矿物；Ti 除一部分以类质同象形式进入辉石晶格外，主要形成钛铁矿；少量的 Al 此时主要以 $[AlO_6]$ 六面体形式取代 Fe、Mg 共同组成硅酸盐矿物，Mn 有时也可取代部分 Fe；Ca 主要组成少量斜长石；Na、K 含量很低；P 一般以磷灰石形式存在；H 在蚀变矿物中以 $[OH]^{1-}$ 及 $[OH]^{1+}$ 进入矿物晶格。

在钙铝硅酸盐型尾矿中，Ca 一方面与 Fe、Mg 一起组成辉石、角闪石、石榴石等硅酸盐矿物，一方面与 Na、Al 一起形成斜长石等铝硅酸盐矿物。当这些矿物遭受蚀变时，上述元素均可进入矿物晶格，并有 CO_2、H_2S 等组分加入，形成绿帘石、绿泥石、绢云母等含水矿物。

在长英岩型尾矿中，Si 不仅与 Ca、Na、K、Al 组成碱性长石和与 Fe、Mn、Mg 组成云母等层状硅酸盐矿物，还常形成独立的 SiO_2。在未遭受蚀变和风化的尾矿中，独立的 SiO_2 多为结晶态的石英，在沉积型矿床中，有时以无定型的蛋白石、燧石、硅藻土等形式存在。蚀变严重的这类尾矿，主要具有绿泥石 + 绢云母 + 石英或高岭石 + 石英蚀变组合。外生条件下，常以石英 + 长石、石英 + 黏土组合出现。在某些酸性火山岩型矿床中，还常见到沸石类矿物，Ca、Na、K 以不稳定的吸附状态，赋存于 Si—Al—O 骨架的空穴中。

在碱性硅酸盐型尾矿中，Na、K 含量比长英岩型尾矿高得多，它们既可以与 Fe、Mg、Si 组成碱性辉石、碱性角闪石、霓石等暗色矿物，也常与 Si、Al 一起形成霞石、白榴石等似长石矿物，此时，尢独立的 SiO_2 矿物出现。由于建材中主要是利用其第三亚类——碱性酸性硅酸盐型尾矿，霞石、白榴石、钾长石、碱性斜长石等是其主要组成矿物。当矿床受到蚀变时，碱性似长石类矿物常形成方钠石、方沸石、钾沸石等，碱性长石蚀变为绢云母、高岭石等。

在高铝硅酸盐型尾矿中，Si、Al 往往结合成无水或含水的硅酸铝，赋存于黏土矿物或红柱石族矿物中，Si 呈四面体配位，Al 多呈六面体配位。Fe、Mg、Na、K 进入八面体孔穴，以黑云母、白云母、水云母、伊利石等形式存在。Ca 一般很少进入硅酸盐晶格，而以独立的碳酸盐形式存在。

在高钙硅酸盐型尾矿中，Ca 一方面与 Si 结合成透辉石、透闪石、硅灰石、钙铝榴石等；另一方面以方解石形式残留于碳酸盐中。Fe、Mg、Na、K 等主要赋存于绿帘石、绿泥石、阳起石等含水硅酸盐中。其中，有些 Fe 以氧化物或硫化物形式存在。

硅质岩型尾矿中，Si 的主要赋存方式为结晶状态的氧化物——石英，有些以燧石、蛋白石等微晶或不定型氧化物形式存在。Al、

Fe、Ca、Mg、Na、K 等以杂质矿物形式赋存于胶结物中。

碳酸盐型尾矿中，Ca 可进入方解石、白云石晶格，Mg 可形成白云石、菱镁矿。但在一些成分不纯或遭遇蚀变的碳酸盐型尾矿中，也不免有 Si、Al、Fe、Mn 元素的混入。

尾矿的化学成分，可用全分析结果表示，但一般常以 SiO_2、TiO_2、Al_2O_3、Fe_2O_3、FeO、MgO、CaO、Na_2O、K_2O、H_2O、CO_2、SO_3 等主要造岩元素的含量来标度。各种未选净的金属元素含量，可从选矿工艺参数中获得。一般选矿厂都有尾矿品位的记录。只有当确定某种金属元素对建材生产工艺或产品性能具有重大影响时，才要求作全分析。

尾矿的矿物成分，一般以各种矿物的质量分数表示，但由于岩矿鉴定多在显微镜下进行，不便于称量，因此，有时也采用镜下统计矿物颗粒数目的办法，间接地推算各矿物的大致含量。

不同成因类型的矿床，其尾矿成分变化范围是相当大的，这就要求用作建筑材料的原料时，必须先对尾矿的化学成分作详细的分析研究。

2.1.2　尾矿的物理、化学与工艺性质

与建材生产有关的尾矿物理性质，主要包括密度、硬度、熔点、线胀系数等。由于各个具体矿山的尾矿组成各具特点，很难取得完整的数据。

尾矿的化学性质，是指尾矿参与化学反应的能力或在化学介质中抵抗腐蚀的能力。对于作建材原料的尾矿来说，主要是指其在碱性的 $Ca(OH)_2$ 溶液中，所表现的化学反应活性。它对于低温条件下水化合成建材的形成，或是否可用于混凝土类材料的掺和料，起着决定性作用。

尾矿的工艺性质主要是指其可加工性。尾矿虽然在选矿阶段已经经历了破碎和粉磨过程，但在用于生产某些建筑材料时，其细度可能仍不满足要求，需要进一步磨细。这样一来，就提出来可磨性要求。有时，为了调整颗粒级配，需要对尾矿进行筛分，因此，也存在一个易筛性的问题。

2.1.3 尾矿的工程性质

尾矿是普遍用于后期尾矿坝构筑的工程材料。由于尾矿的特定加工过程和排放方法，又经受水力分级和沉淀作用，形成了各向异性的尾矿沉积层，其压缩变形和强度特性、渗流状态、振动响应特性不仅因尾矿类型、沉积方式、时间和空间而变化，就总体性质而言，既有似于又有别于天然土壤，既符合又不完全适用传统土力学理论。此外，尾矿坝大多是在分期升高中构筑，在构筑中使用，其结构和功能也完全不同于普通的蓄水坝，尾矿坝的工作状态不仅取决于坝体本身的工程特性，更重要地取决于坝后沉积的尾矿工程特性。这是一个特殊的岩土工程问题。

(1) 沉积特性。尾矿的工程性质，一方面是由尾矿的物理性质和状态决定的，另一方面是由尾矿的沉积特性决定的。从工程意义上讲，认识尾矿工程行为的基本点是了解尾矿所经受的沉积过程和特性。通常，尾矿是以周边排放方式经水力沉积获得的。这样，靠近尾矿坝则以水力分级机理形成尾矿砂沉积滩，沉淀池中则以沉淀机理形成细粒尾矿泥带，其分异程度取决于全尾矿的级配、排放尾矿浆浓度和排放方法等因素。因此，在尾矿沉积层内，尾矿砂和尾矿泥或以性质不同的两个带交汇，或者高度互层化。尾矿砂和尾矿泥工程性质的差异在于，前者与松散至中密的天然砂土相似，而后者则极为复杂，在某些情况下显示出天然砂土性质，在另一些情况下显示出天然黏土性质，或者两个联合性质。

大多数尾矿类型，沉积滩坡度向沉淀池倾斜，且在头几十米，平均坡度0.5%~2.0%，较陡坡度的范围是由全尾矿排放的较高浓度和（或）较粗粒级所决定的；在沉积滩的较远地方，平均坡度可缓达0.1%；再远地方，沉积过程则与连续变迁的网状水流通道的沉积相似。

这样的沉积过程产生高度不均匀的沉积滩，在垂直方向上，尾矿砂的沉积是分层的，在厚度几厘米范围内，细粒含量变化一般可高达10%~20%，如果排放点或排放管间隔大，在短的垂距上，细粒含量可发生50%以上的变化。此外，在尾矿砂沉积滩内，尾矿泥薄层所造成的这样急剧分层也可能由于沉淀池水周期性浸入沉积滩、而细粒薄层由悬浮液中沉淀下来所致。

水平方向上的变化往往也很大，尾矿浆在沉积滩上运移过程中，较粗颗粒首先从尾矿浆中沉淀下来，只有当尾矿达到沉淀池的静水中时，较细的悬浮颗粒和胶质颗粒才沉淀下来，形成尾矿泥带。

然而，在尾矿沉积滩上实测的粒度横向变化性表明，其变化形式要比实验室模拟结果复杂得多。因为大多数选厂磨矿过程所产生的粒度范围颇为相近，单单依据级配不足以说明所观察的差异。实际上，排放的尾矿浆体浓度控制沉积滩颗粒的分级，较低的浆体浓度往往有助于较大颗粒分离。一般认为，浆体浓度之差如达 10% ~20%，则可能引起横向粒度分布的较大变化。

尾矿泥沉积过程按照完全不同于尾矿沉积滩的沉积方式，尾矿泥从池中悬浮液中沉淀下来不包含颗粒跳动或滚动的分级，而是比较简单的垂直沉降过程。尾矿泥的沉降速率可能对澄清水所必需的沉淀池尺寸及可用作选矿循环水量有重大影响。在实验室，通过向玻璃圆筒内灌注一定浓度的均匀尾矿浆测定沉降速率，随时记录水与沉淀固体之间的界面变化。在缺乏实验室沉降试验数据时，确定沉淀池尺寸的经验准则是允许 5 天的澄清时间，每天排放尾矿，每 1000t 约占池表面积 4 万 ~10 万 m^2。

（2）密度。尾矿原地密度的估计在尾矿库规划的早期阶段是特别重要的，因为，特定选厂尾矿生产率所需要的库容积通常要根据尾矿的沉积密度来确定。原地密度可以用干密度（γ_d）或孔隙比（e）表示。在特定尾矿的孔隙比或干密度的范围内，较低的孔隙比或较高的干密度通常与沉积层内较大深度相关，相反地，最高孔隙比或最低干密度通常与沉积后浅表材料有关。

水力沉积尾矿砂的相对密度（D_γ）对动力强度特性有重大影响。相对密度是原地密度的量度，与实验室试验时尾矿可能达到的最致密和最松散状态有关，所以，必须针对所研究的尾矿砂进行最小和最大密度的专门测定。大多数沉积滩尾矿砂能达到相对密度 30% ~50% 范围，只是需要比较干净的尾矿砂，或者通过旋流从中分离出尾矿泥的尾矿砂，或者在尾矿浆正常排放过程中经过高度的粒度分级的尾矿砂。

（3）渗透性。尾矿的渗透性是比其他任何工程性都难以概括的一个基本特性。平均渗透系数可以跨越5个以上数量级，从干净、粗粒尾矿砂的10^{-2}cm/s到充分固结尾矿泥的10^{-7}cm/s。渗透性的变化是粒度、可塑性、沉积方式和沉积层内深度的函数。

（4）变形特性。尾矿是三相体，在荷载作用下的压缩包括尾矿颗粒的压缩、孔隙中水的压缩和孔隙的减小。在常见的工程压力100~600kPa范围内，尾矿颗粒和水本身的压缩是可以忽略不计的，因此，尾矿沉积层的压缩变形主要是由于水和空气从孔隙中排出引起的。可以说，尾矿的压缩与孔隙中水的排出是同时发生的。粒度越粗，孔隙越大，透水性就越大，因而尾矿中水的排出和尾矿沉积层的压缩越快，颗粒很细的尾矿则需要很长的时间。这个过程叫做渗透固结过程。由于尾矿的松散沉积状态，高棱角性和级配特性，它们的压缩性都比类似的天然土大。在传统土力学中，一维压缩（固结）试验极广泛地用来评价土的压缩性。但是，尾矿试验解释则比较复杂，因为加荷曲线的“原始压缩”段和“再压缩”段之间不总是像天然黏土一样完全明显分开。按照经典土力学理论，有些尾矿泥可能显示出前期固结作用，有似于黏土所表现出来的前期固结。然而，大多数尾矿砂，即使在前期固结之后，孔隙比与压力关系曲线（e-log$p$曲线）显示出较大曲率。所以，压缩系数的分析必须说明所施加的压力范围。

尾矿沉积层在荷载作用下，孔隙中自由水逐渐排出，孔隙体积逐渐减小，孔隙压力逐渐转移到尾矿骨架承担，这一过程称之为尾矿固结作用。固结使尾矿沉积层产生压缩变形，同时也使尾矿的强度逐渐增长，因此，固结既引起坝体（和基础）沉降，又控制坝体（和基础）稳定性，是尾矿库工程中最重要工程性质之一。按照太沙基理论，材料固结的时率可分作主固结和次固结阶段。主固结控制常荷载下孔隙压力消散的速度，其对某些类型稳定性问题和渗漏问题有重要意义。尾矿砂主固结发生很迅速，甚至难以在实验室测定。获得的少量数据表明，沉积滩尾矿砂固结系数$C\nu$变化从5×10^{-1}cm^2/s到10^2cm^2/s，尾矿泥的固结系数$C\nu$一般在$10^{-2}\sim10^{-4}$cm^2/s范围，处于与天然土相同的量级。然而，尾矿泥的固结系数 Cv 随孔隙比 e 的变化趋势很不一致，这一点与天然黏土完全不同。

（5）抗剪强度特性。在坝体稳定性分析时，普遍采用三轴剪切试验，在改变排水条件下测定材料的强度特性。最基本试验方法有固结排水和固结不排水试验。开始，两者都要把试样固结到固结应力，其相当于剪切之前坝体（或基础）中某一点的初始有效应力。固结之后，或者按排水条件剪切试样，迫使剪切过程产生的全部孔隙压力充分消散；或者按不排水条件剪切试样，阻止剪切过程产生的孔隙压力消散。不同排水条件的试验得到不同的强度包线，应用于不同的孔隙压力环境。

2.2　尾矿利用现状

在矿冶领域里，世界上工业发达国家已把无废料矿山作为矿山的开发目标，把尾矿综合利用的程度作为衡量一个国家科技水平和经济发达程度的标志。其利用目的不仅是追求最大经济效果，而且还从资源综合回收利用率、保护生态环境等方面加以综合考虑。20 世纪 70 年代以来国际上有关废料利用的技术交流活动十分活跃，1973 年和 1975 年在波兰召开了第一届、第二届国际现代采矿工艺和冶金环境保护会议，交流采选冶技术和废料利用经验；1977 年在赞比亚召开发展中国家资源利用会议；1979 年在华沙的第十三届国际选矿会议上讨论了矿物原料处理和所有组分全部利用问题；1980 年在芝加哥第六届矿物废料利用国际会议上专门研究了矿物废料综合利用问题；1981 年、1983 年、1986 年在捷克斯洛伐克召开了第一届、第二届、第三届新型矿物原料讨论会，讨论了利用岩石、矿物及其元素的途径和非传统矿物原料资源的利用问题，把废料提高到了资源的高度来认识，提出了人类在 21 世纪重点开发无污染的绿色产品的战略口号。

前苏联、美国、加拿大等矿业发达国家尾矿的综合回收工作做得较好。例如，前苏联克里沃罗格磁铁石英岩，仅回收磁铁矿，每年便可多产铁品位 65% 的铁精矿 200 万 t。美国国际矿产和化学公司综合回收明尼苏达州铜、镍尾矿中的铅，每年可得 60 万 t 铅金属。前捷克斯洛伐克最大的重晶石—菱铁矿矿床选厂尾矿库约存 800 万 t 尾矿，该尾矿含铁 17% ~22%、重晶石 3.5% ~12%，采用强磁选机磁选，可获得品位 34.6%、回收率 70% 的菱铁矿精矿，以及回收率 65% ~70%、$BaSO_4$ 含量为 95% 的重晶石精矿。

随着科技的发展和学科间的相互渗透，尾矿利用的途径越来越广阔。国外尾矿的利用率可达 60% 以上，欧洲一些小国已向无废矿山目标发展。前苏联将尾矿用作建筑材料的约占 60%，现已能用铁矿尾矿制造微晶玻璃、耐化学腐蚀玻璃制品和化工管道等；保加利亚把从尾矿中回收的石英用作水泥惰性混合料和炼钢熔剂；原捷克的一些矿山将浮选尾矿的砂浆、磨细的石灰和重晶石加入颜料压制成彩色灰砂砖。

尾矿的利用问题是一项系统工程，涉及到的相关知识较多，如地质、选矿、玻璃、陶瓷、建筑等，需多学科联合攻关才能在短期内出效果。前苏联已建立了从矿物原料、选矿、化学和非金属工艺实验室至实验厂的联合体，专门研究处理废料问题，前苏联矿物原料综合利用率也从 20 世纪 60 年代的 30% ~50% 提高到现在的 70%。

我国的尾矿综合利用研究起步较晚，近几年发展迅速。其原因一方面和国家重视有关，另一方面和我国的资源特点及利用状况有关。我国的金属矿产资源贫矿多、伴生组分多、中小型矿床多，目前不少矿山进入中晚期开采，资源紧张加上开采成本越来越高，经济效益日趋降低，形势已逼迫一些矿山不得不走多种矿物产品共同开发和综合利用的路子。1992 年国家召开了综合利用的学术讨论会并出版了论文集。1994 年“中国 21 世纪议程”高级圆桌会议在北京举行，在 21 世纪议程的首批优先项目计划中便有尾矿利用这一项，国家计划每年拨款 1.5 亿元用于资源循环与再生综合利用发展协调计划，资助尾矿开发与利用的产业化，要求做到保护自然环境、矿产资源的可持续供给能力，走经济、社会、资源与环境协调发展的道路。1990 年，成立了我国首家尾矿利用研究机构——中国地质科学院尾矿利用技术中心。

20 世纪 80 年代以来，随着尾矿矿物学及工业矿物学研究的深入，对许多尾矿中可以利用的矿物组分，研究了它们的再选性质，对不可再选或再选技术经济效果较差的尾矿，研究了将它们作为非金属整体应用的性能及适当的分类，为尾矿综合利用开辟了新的前景。在尾矿再选方面，选矿技术有了较全面的完善和提高，为细粒、微细粒、品位低下、结构复杂的尾矿研制出了一些再选别的有效方法，如浮选、重选、高梯度磁选，甚至堆浸及选冶联合工艺。对不可再选的尾矿，根据它们的矿物和化学成分、物理和机械性质分别按相近的各类非金属矿应用方法开辟应用途径。

近几年，一些研究院所、高等院校等单位与矿山企业紧密合作，在从尾矿中回收有价金属与非金属元素、尾矿制作建筑材料、磁化尾矿作土壤改良剂等方面已取得了一些实用性成果。多年来从矿山废渣中已回收铜 148 万 t、铝 8.7 万 t、铅 39 万 t、锌 15 万 t，分别占其消耗量的 19%、1%、11%、4%。尾矿综合利用搞得较早和较好的矿山如金川、攀枝花、梅山铁矿、白云鄂博等矿山企业，金川镍矿除镍外，已能综合回收钴、铂、钯、锇、铱等元素。

2.3 尾矿综合利用途径

当前科学技术的进步，尤其是选矿、冶金及非金属材料在各个领域广泛的应用，都为尾矿利用奠定了坚实的技术基础。尾矿的综合利用主要包括两方面：一是尾矿作为二次资源再选，再回收有用矿物，精矿作为冶金原料，如铁矿、铜矿、锡矿、铅锌矿等矿的尾矿再选，继续回收铁精矿、铜精矿、锡精矿、铅锌精矿或其他矿物精矿。二是尾矿的直接利用，是指未经过再选的尾矿直接利用，即将尾矿按其成分归类为某一类或几类非金属矿来进行利用。如利用尾矿筑路、制备建筑材料、作采空区填料、作为硅铝质、硅钙质、钙镁质等重要非金属矿用于生产高新制品。

尾矿利用的这两个途径是紧密相关的，矿山可根据自身条件进行选择，也可二者结合共同开发，即先综合地回收尾矿中的有价组分，再将余下的尾矿直接利用，以实现尾矿的整体综合利用。

从目前国内外尾矿利用成果看，应该说还停留在少量的尾矿利用上，尚无法实现大幅度减少或免除尾矿的排放。因此，立足长远，应着手进行无尾工艺的研究。实现无尾排放的基本路线是：先分离出尾矿中的粗中粒级物料，用其代替碎石、黄砂作为建筑用骨料使用；对余下的细粒尾矿进行再选，综合回收尾矿中的有价金属、非金属成分，再对剩余部分固化处理，生产出不同档次的建筑材料或固化块体充填塌陷区或尾矿土地复垦。

2.3.1 尾矿再选

尾矿再选既包括老尾矿再选利用，也包括新产生尾矿的再选，以便减少新尾矿的堆存量。尾矿再选已成为降低尾矿品位、提高回收率和提高企业经济效益的重要途径。有色金属矿山尾矿中往往含有多种有价金属。过去选矿技术落后，可能有5%～40%的目的组分仍留在尾矿中。一般来说，矿山越老，选矿技术越落后，所产生的尾矿中含有的目的金属就越高。对目的金属再回收利用是目前尾矿综合利用的一个途径。如我国云锡公司已建成两个处理老尾矿的选矿工段，处理尾矿112万t，回收了锡1286t，铜443t。首钢水厂选矿厂从尾矿中回收铁、江西铜业公司从尾矿中回收铜和硫等均取得了良好的效益。

在尾矿中还有一部分金属由于其与目的金属伴生或共生在一起，在过去的选矿过程中由于没有受到人们的重视或由于选矿技术水平的原因而被滞留下来了。例如钨在高温下形成，会伴生有铝、铋等有价组分，在过去的选矿过程中，人们仅仅考虑了目的金属钨的回收，而忽视了伴生金属铝、铋的回收利用。如赣州有色金属冶炼厂对各矿山钨矿集中处理后所丢弃的尾矿进行综合回收利用，获得含Cu13.52%、回收率达85.29%的铜精矿和60%～70%的钨锡混合精矿。该混合精矿经过湿式磁选分离钨锡，能够获得高品位的钨细泥产品。目前，我国加强了对伴生金属的综合回收力度，大部分有色金属、黑色金属厂矿基本上都能做到在回收目的金属的同时回收伴生金属。比较突出的有攀枝花钢铁集团从铁尾矿中回收了钒、钛、钴、钪等多种有色和稀有金属。实践证明，铁的价值只占矿石总价值的38.6%，而从尾矿中综合回收产品的价值却占60%以上；武山铜矿老尾矿采用浮选法进行有价元素的回收试验，为实现老尾矿库资源回收提供了选矿技术指导，获得较好的经济效益和社会效益。

鞍山地区一些磁铁矿尾矿，仍含铁20%，经强磁选机回收可获得品位达60%的铁精矿。马鞍山矿山研究院与本钢歪头山铁矿采用HS—ϕ1600 ×8 磁选机对铁矿石尾矿进行再磨再选后，可获得品位高达65. 76%的优质铁精矿，年产铁精矿量达3. 92 万 t，经济效益良好。德兴铜矿与科研单位、大专院校合作，在改进现场生产流程，提高铜、金回收率的同时，增加了从尾矿中回收硫的设施，使该矿每年多回收铜、金、硫精矿的年产值达1200万元。

梅山铁矿完成了尾矿再选、用尾矿制作建筑材料、固化堆放和浓缩脱水等研究工作。重选尾矿再选半工业试验采用流程为弱磁粗选—弱磁精选—强磁扫选，粗选、精选用 ϕ1050mm ×400mm 湿式筒式弱磁选机，扫选用 SLon—1000 立环脉动高梯度磁选机，给矿品位为 Fe 19. 98%，S 1. 46%，P 0. 279%，精矿品位为 Fe 56. 69%，S 0. 91%，P 0. 149%，铁回收率为54. 96%；综合采用弱磁—强磁工艺每年可选出铁精矿 7 万 t；采用高压浓密—絮凝沉降工艺，使尾矿底流浓度达到45%以上，解决了尾矿难沉降的问题；采用压滤工艺，解决了尾矿脱水的问题；用尾矿代替黏土烧制出了水泥、微晶玻璃、广场砖及建筑用砖，取得了巨大的经济效益和环境效益。

太和钛铁矿尾矿采用SLon立环脉动高梯度磁选机取代重选流程，对入选品位 TiO_2 12. 06%的尾矿，采用一粗一精流程可获得强磁精矿产率29. 75%，品位29. 20%，TiO_2 回收率 71. 98%的选别指标；磁一浮流程可获钛精矿品位 $TiO_2$47. 5%，TiO_2 回收率45%以上的选别指标。

江西贵溪炼铜厂的炼铜渣经过选矿作业，回收金属铜，选矿尾矿中含大量磁铁矿，利用SLon—1000脉动高梯度磁选机进行工业试验，结果表明，在给矿浓度为15%～20%，处理矿量2～2. 5t/(台·h)，可获得精矿产率43%～48%、精矿品位57%～58%、回收率50%～52%的铁精矿；每年可处理渣尾矿7. 5万t，生产铁精矿5. 5万t。

调军台选厂针对浮选尾矿的性质，在实验室进行了强磁抛尾—强磁精再磨—弱磁反浮选试验，取得入选尾矿品位15. 15%、最终精矿品位66. 70%、产率4. 47%、回收率19. 68%的指标，采用该工艺每年可从浮选尾矿中选出精矿大约10万t，按每吨售价500元计，每年销售收入5000万元，利润3840. 30万元。

2.3.2 利用尾矿生产高附加值的产品

矿山尾矿在提取出有用元素后，仍留下大量无提取价值的废料，这种废料并非真的无应用价值，实际上是一种“复合”的矿物原料。它们主要有非金属矿物石英、长石、石榴子石、角闪石、辉石以及由其蚀变而成的黏土、云母类铝硅酸盐矿物和方解石、白云石等钙镁碳酸盐矿物组成。化学成分有硅、铝、钙、镁的氧化物和少量钾、钠、铁、硫的氧化物。而硅、铝的含量较高，这就为其用作建材的原料奠定了基础。根据尾矿的物理化学性质和组成与建筑材料在工程特性方面有很多相似之处，因此对尾矿进行深加工，可以制造出具有各种功能的材料，如复合材料和玻璃制品等。目前根据尾矿的化学成分、矿物成分及粒度特征生产出微晶玻璃、玻化砖、建筑陶瓷、美术陶瓷、铸石、水泥等建筑材料，使之附加值大幅度提高。

2.3.3 用尾矿回填矿山采空区

在很多国家，利用混凝土泵将尾矿呈膏状状态输送到井下进行采空区回填。我国在干式充填、水砂充填、分级尾砂充填及高浓全尾砂充填、膏体充填等尾砂充填工艺技术方面达到了世界先进水平，南京铅锌银矿和金川镍矿利用此技术，获得了较好的效果。某铁矿矿区附近地表无法建尾矿库，采用全尾砂胶结充填采空区，避免了在地表建尾矿库。高水固结充填与常规胶结充填相比，具有浆料浓度范围大、凝固速度快、不脱水、接顶效果好等特点，避免了井下的环境污染，降低了工人的劳动强度，因此，在应用上有明显的优越性。目前，该项技术已在国内许多金矿和有色金属矿山得到了成功的应用，取得了良好的效果。如某铜矿采用全尾砂高水固结充填，生产实践表明，全尾砂高水固化充填能够实现快速不脱水充填，早期强度高，有利于改善井下生产条件、缩短充填作业周期及提高生产效率。

2.4 选矿厂尾矿的再选

在矿冶领域里，世界上工业发达国家已把无废料矿山作为矿山的开发目标，把尾矿综合利用的程度作为衡量一个国家科技水平和经济发达程度的标志。前苏联，美国，加拿大等矿业发达国家尾矿的综合回收工作做得较好。前苏联克里沃罗格磁铁石英岩，仅回收磁铁矿，每年便可多产铁品位65%的铁精矿200万t。美国国际矿产和化学公司综合回收明尼苏达州铜、镍尾矿中的铅，每年可得60万t铅金属。前捷克斯洛伐克最大的重晶石—菱铁矿矿床选厂尾矿库约存800万t尾矿，该尾矿含铁17%～22%、重晶石3.5%～12%。采用强磁选机磁选，可获得品位34.65%、回收率70%的菱铁矿精矿；回收率65%～70%、$BaSO_4$含量为95%的重晶石精矿。Karagedik 铬铁矿选矿厂的尾矿含$Cr_2O_3$20%～21%，其中－0.1mm的物料占52.3%，采用湿式强磁选与浮选柱选别的联合作业处理－0.1mm粒级的尾矿，得到了含$Cr_2O_3$47.7%、回收率61.4%的精矿。加拿大有世界上最大的油砂矿辛克努德（Syncrude)，该矿积存有大量的含钛和锆的尾砂，据国外媒体报道，加拿大的钛公司已经在萨斯喀彻温省的里贾纳（Regina）地区，建立了世界上第一套从油砂尾矿中回收钛和锆的试验设备，该公司认为自己开发的技术可以从油砂尾矿提取出高品位的含钛物料和锆精矿。

我国的尾矿综合利用研究起步较晚，近几年发展迅速。我国的金属矿产资源贫矿多、伴生组分多、中小型矿床多，且目前不少矿山进入中晚期开采。国家计划每年拨款1.5亿元用于资源循环与再生综合利用发展协调计划，资助尾矿开发与利用的产业化，要求做到保护自然资源、矿产资源的可持续供给能力，走经济、社会、资源与环境协调发展的道路。自2002年10月以来，国内矿山应用旋流喷射浮选机并采用合理的工艺技术，已经从稀土尾矿中回收近5000t稀土，铅锌尾矿中回收6000多t铅锌金属，价值3000余万元，取得经济效益1000余万元。

安庆铜矿充分利用闲置设备，并投资42万元建起了尾矿综合回收选铜厂和选铁厂，从含铜0.119%、含铁11%的尾矿中综合回收铜、铁资源，采用浮选法获得含铜16.94%的铜精矿、回收率为84.43%。采用磁选法获得含铁63%的铁精矿，回收率为48.71%。年创产值491.95万元，估算的年利税则高达421.45万元。

金堆城铝业公司采用一段浮选—铜粗精矿再磨—二段浮选工艺处

理含铜0.403%的铝尾矿，一段浮选可产出含铜16.16%的铜粗精矿（含银90g/t），作业回收率为69.13%，二段浮选则可产出含铜20.64%的最终铜精矿（含银150g/t），作业回收率为95.14%。迄今其选铜系统已综合回收的铜精矿铜金属含量超过5000t，每年为企业创造的经济效益约50余万元。

铜录山矿采用尾矿再磨再选工艺处理含铜0.8%、含金0.83g/t、含银6g/t和含铁22%的尾矿，获得了含铜15.4%的铜精矿（含金18.5g/t，金回收率79.33%；含银109g/t，银回收率69.34%），铜回收率为70.56%并获得了含铁55.24%的铁精矿，铁回收率为56.68%。

赣州有色金属冶炼厂采用浮—重—磁联合流程对其尾矿库中堆存的钨精选尾矿进行铜、银、钨和锡矿物综合回收研究。尾矿中含Cu 2.02%、Ag 0.025%和WO_3 5.47%，小型试验、工业试验及工业生产的分选指标重复较好。铜精矿含Cu 13.41%和Ag 0.1479%，铜和银的回收率分别为83.88%和58.23%；钨细泥精矿含WO_3 23.64%，回收率为41.16%。选厂在1994年至1996年的两年时间内共回收铜金属56.2t、钨金属47.6t和银292kg，直接经济效益52.96万元。

新疆钢铁公司选烧厂尾矿库中的尾矿平均含铁25%、含硫9%，其中主要金属矿物为黄铁矿和磁铁矿，其次为褐铁矿。为综合回收尾矿中的铁和硫，新疆钢铁公司投资180万元建立了尾矿再选厂，再选的主体工艺为浮选—磁选，得到了含铁67%的铁精矿和含硫48%的硫精矿，年新创产值459万元。

甘肃省天水金矿金精矿氰化尾渣中含铅5.96%、铜1.93%、金2.00g/t和银100.9g/t。采用先铅后铜的优先浮选工艺可综合回收尾渣中的铅、铜、金和银（金和银富集在铅精矿和铜精矿中），铅、铜、金和银的回收率分别为77.59%、71.04%、31.25%和81.04%，铅精矿含铅42.15%，铜精矿含铜17.82%。砂金选矿厂的精选尾矿中通常都富含相对密度较大且具有较高利用价值的金属或非金属矿物，铁含量约为60%。主要金属矿物为磁铁矿，其次为赤铁矿和钛铁矿，此外还含有少量的砂金；主要非金属矿物为铁铝榴石、金红石和独居石。目前砂金精选尾矿得到较好综合回收的主要是磁铁矿、赤铁矿和砂金。因生产成本偏高，钛铁矿、铁铝榴石、金红石和独居石的综合回收在工业生产上的应用报道比较少。

陕南安康金矿采用弱磁—强磁—摇床重选工艺处理选矿厂尾矿，每年可回收品位为70%的铁精矿1700t，年回收砂金2.187kg，年增产值44.12万元。采用类似工艺综合回收铁精矿和砂金的矿山还有陕南恒口金矿、五里金矿和汉阴金矿。陕南汉阳金矿采用磁选—氧化焙烧—弱磁—强磁—摇床重选工艺综合回收磁铁矿、赤铁矿、钛铁矿、铁铝榴石、金红石、独居石及砂金，年增产值170万元。

湘西金矿1号尾矿库中堆存的老尾矿约35万t，尾矿中金、锑和钨的平均品位分别为4.18g/t，0.714%和0.161%，具有较高的综合回收价值。采用浮选+氰化流程，共处理尾砂8216t，生产锑、金精矿71.5t，载金炭含金和电解提金共计10.095kg。当入选金品位达2.5g/t以上时，采用浮选+氰化流程，浸渣金品位可降低至1.0g/t以下。如建一家100t/d的选厂，仅回收金一项，年创直接利润约300万元。含氰尾水采用INCO法治理，按年处理尾矿4万t计，当入选金品位达4.18g/t时，每年可实现利润525.78万元。

河南银铜坡金矿是一座生产能力为1000t/d的大型矿山，其早期采用单一浮选工艺所产生的尾矿约有90万t，尾矿中的金、银平均品位分别为1.75g/t和39g/t。该矿采用全泥氰化炭浆提金工艺综合回收老尾矿库中的金和银，浸渣金品位为0.21g/t，金浸出率为87.65%；浸渣银品位为11.64g/t，银浸出率为69.84%。该矿采用浮选工艺综合回收氰渣中的铅、金、银和硫，金和银富集在铅精矿中，铅精矿含Pb 40%，Au 15～25g/t，Ag 250～300g/t，Pb、Au和Ag的回收率分别为72%、82%和69%。该矿采用多级活性炭滤池处理尾矿废水，综合回收废水中所含的金和银。到1999年底，该矿共从老尾矿中回收黄金260.26kg和白银1562kg，创利润639.43万元。从浸渣中回收铅精矿2000t，创利润520万元；从废水中回收黄金60.8kg和白银340kg，创利润398.8万元。

针对尾矿中金属矿物含量很低的特点，采用反浮—正浮或多级粗选串流浮选工艺均可显著提高目的矿物的品位和回收率。包钢选矿厂稀土浮选尾矿中含铁24%左右，采用反浮—正浮工艺流程，铁精矿产率为26.55%、品位为61.65%、回收率为59.46%。若年处理稀土浮选尾矿50万t，则可年产铁精矿13万t，直接经济效益预计可达到1000万元/年。

2.5 选矿厂尾矿作建筑材料

尾矿建材，主要是利用尾矿的主要化学组分和矿物成分，以及由化学组分和矿物组成而体现出来的物理化学性质。

库存法处理尾矿的方式，虽然具有简便易行的特点，但要占用大量的土地，而且容易造成环境污染，同时，还需要大量的建库资金和管理费用。为了改变这种不合理的尾矿处理方式，有些选矿厂在大规模利用尾矿方面，已做出了一些有益的尝试，比如用尾矿充填回采巷道、铺筑厂区道路、复垦土地等。然而，就其附加值而言，将其作为生产建筑材料的原料，是最经济合理的。

根据矿物分选时的机理不同，选矿方法可分为重选、磁选、浮选、电选、光电选、化学选等。金属矿山尾矿的物质组成虽千差万别，但其中基本的组分及开发利用途径是有规律可循的。矿物成分、化学成分及其工艺性能这三大要素构成了尾矿利用可行性的基础。磨细的尾矿构成了一种复合矿物原料，加上其中微量元素的作用，具有许多工艺特点。研究表明，尾矿在资源特征上与传统的建材、陶瓷、玻璃原料基本相近，实际上是已加工成细粒的不完备混合料，加以调配即可用于生产，因此可以考虑进行整体利用，由于不需对这些原料再作粉碎和其他处理、制造出的产品往往节省能耗，成本较低，一些新型产品往往价值较高，经济效益十分显著。工艺试验表明，大多数尾矿可以成为传统原料的代用品，乃至成为别具特色的新型原料。如高硅尾矿($w(SiO_2)>60\%$)可用作建筑材料、公路用砂、陶瓷、玻璃、微晶玻璃、花岗岩及硅酸盐新材料原料，高铁($w(Fe_2O_3)>15\%$)或含多种金属的尾矿可作色瓷、色釉、水泥配料及新型材料原料等。

但矿山所采出的原生矿石中，除极少数呈致密块状的矿石外，一般都是由矿石矿物和脉石矿物镶嵌分布、共同组成的，且脉石矿物含量往往远远高于矿石矿物含量。为了实现矿石矿物与脉石矿物的分离，无论何种选矿方法，第一道工序就是磨矿。不同磨矿工艺所得到的尾矿，在颗粒分布特征上是有区别的，这一点对于选择尾矿的利用途径是有意义的。根据矿石的结构构造不同，磨矿工序可采用一段磨矿工艺或多段磨矿工艺，一段磨矿是直接将矿石磨至矿物分离粒度，因此，尾矿的颗粒一般较细，并且分布均匀，宜于用作烧结类尾矿建材或水化合成类尾矿建材；多段磨矿是逐级将矿石磨至分离粒度，中间插入多次分级和选别工序，因此，尾矿呈现多粒级混杂，并符合一定颗粒级配的分布，因此，宜于用作混凝土的骨料或生产无粗骨料的硅酸盐建筑制品。经过烧结处理的矿石尾矿，由于在烧结过程中积存了一定能量，因而显示一定的化学活性，因此，适合用作生产水化合成材料或混凝土材料的混合料。对于不同类型的矿石，因其结构构造不同，以及选矿精度的要求不同，其尾矿的颗粒组成差别是很大的，有的尾矿砂呈碎石状，有些则是一些比水泥还细的细粉。目前，选矿企业一般以 0.074mm 作为磨矿控制下限。

随着科技的发展和学科间的相互渗透，尾矿利用的途径越来越广阔。目前，国外主要利用尾矿制作建筑材料，如蒸压硅酸盐制品，加气混凝土、砖瓦、陶瓷、陶粒、铸石、玻璃、泡沫塑料和水泥等品种，还有用尾矿生产冶金助熔剂、化工产品和肥料等。美国在加利福尼亚研究利用堆存的金矿尾矿生产钙质加气砖，其价格只有普通黏土砖的 1/2 ~ 1/3。前苏联黑色冶金矿山将 20% 的尾矿用于铺路，7% 用于制造硅酸盐墙板。前苏联已建立了从矿物原料、选矿、化学和非金属工艺实验室至实验厂这样的联合体，专门研究处理矿物废料问题，其矿物原料综合利用率也从 20 世纪 60 年代 30% ~ 50% 提高到现在的 50% ~ 70%。前苏联将尾矿用作建筑材料的约占 60%，现已能用铁矿尾矿制造微晶玻璃、耐化学腐蚀玻璃制品和化工管道等；保加利亚把从尾矿中回收的石英用作水泥惰性混合料和炼铜熔剂；原捷克的一些矿山将浮选尾矿的砂浆、磨细的石灰和重晶石加入颜料压制成彩色灰砂砖。

2.5.1　熔制型尾矿建材

2.5.1.1　*尾矿平板玻璃*

平板玻璃，是建筑材料中用量最大的制品。然而，由于尾矿成分的复杂性，除少量非常纯净的尾矿外，绝大多数的尾矿玻璃，往往由于染色或低透明度，目前还很少用作窗玻璃。但在用于隔断、装饰贴面和建筑功能材料方面，仍可以满足用途需要，同时，平板玻璃也往往是制作其他尾矿玻璃建材的物质基础。

对于作建筑用途的普通平板玻璃的技术要求，主要是规定了厚度偏差、长宽比、弯曲度、尺寸偏差等外观特征及制作精度，而对于理化特征并没有严格的要求，只有当用作技术用途时，才对其理化性质有所规定。因此，各种硅酸盐系统的尾矿，都可以用来制作平板型尾矿玻璃。

为了适合各种建筑用途的需要，通过对平板玻璃进行后处理，可制作成具有特殊性能的建筑功能玻璃和建筑装饰玻璃。对于尾矿玻璃原板的后处理与深加工，可按照以下几种途径进行：

（1）微晶化处理。微晶玻璃建材，是一种不透明的优质建筑材料，可广泛用于地面、墙面的装饰与防护。它与普通的玻璃相比，具有机械强度高、硬度大、耐热冲击性能强、化学性质稳定的特点。

微晶玻璃与普通玻璃的主要区别在于，它的内部结构不是呈无规则的网络状态，而是含有大量的（典型的一般约占95%～98%）、细小的（在1μm以下）、均匀分布的晶体及少量残余的玻璃相。

（2）釉固化处理。釉固化处理即在玻璃表面涂敷一层不透明的易熔性色釉，然后加热到色釉的熔化温度，再经退火或钢化处理，制成饰面玻璃建材。这种釉面玻璃一般有三层结构，基片采用平板玻璃，面层为白色或彩色釉面，底层为砂与玻璃粉的混合物，使之比较粗糙，便于粘贴。

（3）钢化处理。将玻璃板推入钢化窑加热到一定温度，然后迅速冷却的过程，称为玻璃的钢化。经钢化处理后的玻璃，其强度可比退火玻璃高4～6倍，热稳定性提高165～310℃。通常，钢化温度一般取玻璃转变温度，加热时间一般按每1mm厚36～50s。按照GB 9963—88要求，钢化玻璃的抗压强度不得低于200MPa，50mm×200mm试样置于151℃油中，15min后取出投入15℃的水中，不炸裂，抗冲击性合格。

（4）表面处理。平板玻璃的表面处理包括表面喷砂处理、表面镀膜处理、表面涂敷处理等。分别制取毛玻璃或仿蘑菇石玻璃、热反射玻璃或仿金属玻璃、仿彩色釉面玻璃等建筑装饰材料。

(5) 夹层处理。将两片或多片玻璃板中间，夹一层塑料薄片，经加热、加压、粘合处理，可制成平面或弯曲的夹层玻璃制品，可明显提高玻璃的抗冲击性。将两片或多片平板玻璃，用边框隔开，四周用胶接、焊接、熔接等方式封严，中间充入干燥空气或其他惰性气体，可制得具良好隔热、隔声性能的中空玻璃，用于建筑物的保温门窗或隔断。

2.5.1.2　*尾矿微晶玻璃装饰板*

微晶玻璃在制作时采用适当组成的玻璃，在成型后再加热至玻璃的软化温度以上进行精密热处理，使其内部形成大量的（约占95%～98%）、细小的（多在1μm）晶体和少量的残余玻璃相。这种玻璃虽然不再透明，但在机械强度、化学稳定性、热稳定性方面都大大提高，在抗风化、抗磨蚀方面优于天然花岗石和陶瓷制品。因此，非常适合用于建筑物的外墙和地面装饰。

另外，由于这类材料为不透明体，对于某些易引起制品着色的杂质元素，不需要像透明玻璃那样的控制严格，同时，为了防止晶体成长过大，需要玻璃体具有必要的黏度，因此，对于尾矿这类通常Al_2O_3、Fe_2O_3、FeO 含量比较高的材料作为该种玻璃的主原料，是非常有利的。

在选择微晶玻璃的组成时，需要考虑的基本因素主要有以下几点：

(1) 化学成分上须保证在热处理后形成所指定的晶相和玻璃相；

(2) 熔制的玻璃液不应在成型或退火过程中结晶；

(3) 玻璃在重新热处理时在整个体积内均匀结晶；

(4) 玻璃能在工业条件（1600～1650℃）下被熔制。

微晶玻璃建筑装饰板的熔制与成型方法与普通玻璃并无根本的区别，当成型后的玻璃板从退火炉推出后，再送入微晶化炉中按照一定的温度制度进行进一步热处理即可得到。

微晶玻璃的另一种生产方法是将熔制的玻璃液进行水淬，制得玻璃粒，然后将其研磨成玻璃粉，再用烧结的办法，制成微晶玻璃产品。由于后阶段的生产工艺与陶瓷类似，因此，这类微晶玻璃，又称作玻璃陶瓷。与直接微晶化工艺相比，烧结法具有晶化处理时间短、成品厚度不受限制、可不采用晶核剂，而是利用玻璃渣的表面、顶角、杂质、气孔、微裂纹等诱导结晶。

由于尾矿微晶玻璃具有高强、坚硬、化学稳定性和热稳定性好的特点，不仅可用于建筑物的内外墙、地面、台阶装修，还可用于制作各种耐酸、耐磨容器和管槽。

2.5.1.3 尾矿空心玻璃砖

尾矿空心玻璃砖，是一种透明或半透明的砖状玻璃制品，内部中空或充填琉璃花朵，或在内壁做成各种花纹，并涂覆彩色涂料，因此，具有很强的装饰效果。常用来砌筑透光的墙壁、非承重的内外隔墙、淋浴隔断、门厅、通道等。

由于该制品有控制透光、眩光、防止直射阳光等使用要求，对透明度、脱色度要求不像采光玻璃那样严格，故用尾矿作原料即可基本满足要求。各种钙铝硅酸盐尾矿、碱性硅酸盐尾矿和长英岩型尾矿都可用来生产这类产品。该产品的原料配比及玻璃液的制备与上述玻璃建材的一般生产工艺完全相同，当玻璃液冷却到规定黏度后，采用格式模具冲压成两片“凹”形半砖，然后急冷、脱模，于内壁涂色或充填后，再将两片半砖扣合，置于加热炉中将其熔接成整体的空心砖。为了降低熔接温度，常在结合部粘涂上易熔釉料。熔接完成后，再将其送入退火炉进行退火处理。

空心玻璃砖墙壁被誉为“玲珑壁”，可采用玻璃胶按砌筑工艺施工。

2.5.1.4 尾矿玻璃锦砖

尾矿玻璃锦砖，又称玻璃马赛克，是一种新兴的建筑装饰材料，有釉面和无釉面之分。通常，无釉锦砖应用较广。因为玻璃锦砖一般用灰水泥砂浆粘贴，故而要求具有必要的不透明性。

玻璃锦砖的不透明性，是通过下列途径获得的：

(1) 通过特意添加一些粗颗粒难熔矿物，如石英砂，并使其不完全熔融；

(2) 特意不完全排除玻璃液中的细小气泡；

（3）加入乳浊剂，如萤石、氟硅酸钠、磷矿石等，通过分相效应乳浊；

（4）在玻璃液流出的料道中，混入氧化铝、铝矾土、石灰等难熔材料；

（5）像微晶玻璃那样，析出微晶。

目前，工业上生产玻璃锦砖多采用钠钙硅酸盐体系，这种玻璃制品虽然熔化温度较低，但用作建筑外墙或地面时，常因化学稳定性不强产生粉化、褪色等缺陷。自然界中存在的尾矿，与钠钙硅酸盐玻璃相比，多数呈现富铝、贫钙的特点，致使其熔融体黏度较高，不易均化。但当采用氟化物乳浊时，较高的 Al_2O_3 含量是必要的，若 Al_2O_3 不足，氟化物会在早期生成 SiF_4 挥发，而当 Al_2O_3 充足时，可形成稳定的 Na_3AlF_6。CaO 不足，可用石灰石和白云石补充。

2.5.1.5　*尾矿泡沫玻璃*

泡沫玻璃作为一种优秀的新型轻质保温材料，以其强度高、耐腐蚀、耐热、防火、不变形、不软化、易加工等优良性能，已被广泛用于建筑、冶金、石油、化工等领域。

目前，泡沫玻璃的生产有两种方法：烧结法和熔体直接发泡法。烧结法是先将熔融的玻璃液，倒入水中，炸裂成粒，然后与发泡剂混合磨细，再在耐热模具中加热烧结和发泡，最后经退火形成制品。

按照用途，尾矿泡沫玻璃可分为隔热型泡沫玻璃和吸声型泡沫玻璃两种类型。前者的特点是闭口气孔多，表现密度小，热导率低。

2.5.1.6　*其他产品*

将尾矿置于高温电弧炉中加热熔融，经澄清后从炉底漏孔流出，这时，如果用不小于 0.6MPa 的压缩空气，从与流料孔呈一定角度的喷嘴中高速喷向料流；或将料流导入高速离心转盘上高速甩制，迅速冷却的玻璃液将变成疏松的棉纤维状，即为尾矿玻璃棉。

由于冷却速度极快，析晶非常困难，加之主要用作保温材料，对其强度、颜色、化学稳定性等要求均不十分严格，因此，凡是容易熔化的尾矿，均可用于生产该类产品，且无须加入过多的化工原料。

对于建筑保温用玻璃棉，选用碱含量高的尾矿，对于降低溶化温度、节约能源是有好处的；而用于热工保温时，要注意材料的耐热温度。

尾矿还可制备尾矿玻璃管，广泛应用于输送高磨蚀、强腐蚀的流体介质。

2.5.2 烧结型尾矿建材

将松散状的尾矿物料，经成型或成粒后进行煅烧，使之形成坚硬的石状物，并用作建筑用途的材料，称为烧结型尾矿建材。

烧结型尾矿建材也是一种以热力为形成动力的高温生成材料，从粉体物料到石状材料的烧成过程，实质上是由包括原材料脱水、相变、热分解、热扩散、固相反应、烧结以及溶解、熔融、转熔、低共熔等一系列物理化学过程的综合结果。

烧结型尾矿建材与熔制型尾矿建材的区别主要在于：

（1）生产工艺上，它多采用先成型，后烧结，而不是先熔制，后成型。

（2）在烧成温度上，一般在低于物料的熔化温度之下完成，但从工业生产角度出发，为使坯体能够在尽可能低的温度和较短的时间内完成快速烧结，出现适量的液相是比较理想的。

（3）在成品结构上，它主要由结晶的矿物相构成，玻璃相仅占一小部分。

（4）在形成机理上，其成品成分主要是在固相条件下形成的，液相反应不占主导地位，即使是无任何液相出现，也可以依靠自身的表面能作为推动力完成烧结。

目前，以尾矿作为主要原料或基本配料研制成功的高温烧结建材产品，仅限于尾矿水泥、尾矿建筑陶瓷、尾矿砖瓦、尾矿耐火材料、尾矿轻骨料等几种类型。

2.5.2.1 *尾矿水泥*

尾矿水泥就是在水泥配料中，引入大量的尾矿，按照正常的水泥生产工艺，生产符合国家标准的硅酸盐或铝酸盐水泥。

水泥是最常用的水硬性胶凝材料，对于硅酸盐水泥来说，其胶凝性质主要来源于熟料中的硅酸三钙（C_3S）、硅酸二钙（C_2S）、铝酸三钙（C_3A）和铁铝酸四钙（C_4AF）4 种主要矿物；高铝水泥主要来源于铝酸一钙（CA）；快硬早强的硫铝酸盐水泥和氟铝酸盐水泥则分别来源于单硫三铝酸四钙（C_4A_3S）和氟七铝酸十一钙（$C_{11}A_7CaF_2$）。

一般来说，碳酸盐型尾矿和高铝硅酸盐型尾矿，可以直接用作石灰石和黏土的替代原料，某些碱含量较低的钙铝硅酸盐型尾矿、高钙硅酸盐型尾矿等，只要成分点与水泥的成分点较为接近，亦可直接煅烧成水泥。当尾矿成分与水泥成分相差较远时，可作为掺配料或矿化剂使用。

2.5.2.2 *尾矿建筑陶瓷*

以尾矿为主要原料生产的釉面墙地砖、釉面陶瓷锦砖、无釉铺地红砖、卫生陶瓷制品陶瓷输水管道等，统称为尾矿建筑陶瓷。

根据坯体的化学组成，陶瓷可分为钙质陶瓷和镁质陶瓷。对于尾矿建筑陶瓷而言，多数属于钙镁质陶瓷。按照助熔剂的不同，又可分为石灰质陶瓷、长石质陶瓷、滑石质陶瓷、透辉石质陶瓷、硅灰石质陶瓷等等。按照坯体的烧结成熟度，还可以分为瓷质、炻质、陶质等类型。

长英岩型尾矿、碱性硅酸盐型尾矿无论在化学组成上，还是矿物组成上，均比较容易满足瓷质、长石质炻质与陶质坯料的要求，可用作这类建筑陶瓷的瘠性和助熔原料；高铝硅酸盐型尾矿比较符合黏土质坯料配方，也可以作为塑性原料，用于配制其他类型的坯料；钙铝硅酸盐型尾矿与石灰质以及长石—石灰质坯料的成分比较近似；高钙、高镁的硅酸盐型尾矿，可作为良好的低温快烧陶瓷原料。不过由于尾矿中难以避免 Ti、Fe、Cu、Co、Cr 等有色金属元素存在，用此配制的陶瓷坯体，往往不是白色的，而是呈现不同的色彩。

2.5.2.3 *尾矿烧结砖瓦*

尾矿烧结砖瓦，其实也是一种尾矿建筑陶瓷，不同之处仅在于，它们的烧成温度比较低，因而制品的吸水率较高。另外，由于一般不施釉，因此，对于其线胀系数、干燥收缩率、烧成收缩率等指标的要求，也一般低于陶瓷制品。

目前，尾矿烧结砖瓦，按其成型方式不同，可分为塑性成型砖瓦和压制成型砖瓦。前者是在一般的砖瓦黏土中添加部分尾矿，其生产工艺与普通的黏土砖瓦无异，尾矿在其中仅作为塑性校正原料使用。严格地讲，这类砖瓦不能算作尾矿建材；后者是以尾矿作为主要组成原料，加入适量黏土或其他黏结材料，在压力机上压制成型。然后，经过干燥、焙烧，制得产品。

压制成型的尾矿烧结砖瓦，与传统的黏土烧结砖瓦相比，具有如下优点：

（1）不损坏土地，或极大地减少土地损毁量。

（2）尾矿消耗量大。

（3）可节省掉一些采掘、破碎、陈化设备或设施。

（4）可实现一次码烧。干燥周期可大大缩短，甚至可免去干燥工序。

（5）可实现快速烧成。如果配比适当，烧成温度也可以降低。

（6）制品的外观规整、结构密实，强度高、耐久性好，破损率低。

（7）生产效率、单位生产成本、单位投资基数等经济指标，均比现有的机械化砖瓦流水生产线优越。

2.5.2.4 *尾矿耐火材料*

尾矿耐火材料，是指由选矿尾矿为主要原材料所生产的耐火制品或耐火保温制品。所选用的尾矿，既可能是选别其他金属或非金属时所残存的废渣，也包括专门为生产耐火材料而对尾矿作进一步选别后所提出的精选尾矿。

常规的耐火材料，按成分可分为硅质耐火材料、硅酸铝质耐火材料、镁质耐火材料、硅酸镁质耐火材料、钙镁质耐火材料和碳质耐火材料。其基本要求为耐火度不低于1580℃。

在某些类型的矿床中，与矿石伴生的围岩或脉石矿物，常具有烧制成耐火材料的成分基础，有些甚至本身即是良好的耐火材料。如与滑石、石棉矿相伴生的菱镁矿、水镁石等可用作生产镁质耐火材料；超基性岩型矿床中的镁橄榄石、蛇纹石可以烧制硅酸镁质耐火材料；高铝黏土、铝矾土型尾矿可用于生产高铝黏土砖，而某些变质岩矿床中所伴生的刚玉、蓝晶石、矽线石、红柱石、叶蜡石等，不经煅烧即可作为优质耐火材料。

但是，由于耐火材料一般对于原料的纯净度要求较高，微量的杂质常常会导致耐火度的严重下降。而作为选矿残渣的尾矿，又往往很难避免杂质元素的存在。因此，如果在开采和选别其他矿物的同时，通过增加或改变工艺流程，将原来被视为尾矿的这些矿物加以分选、提纯，即可用作耐火材料生产。这样做虽然可能增加一部分选矿费用，但由于不需要新的矿山建设投资，不需要建立新的开采系统，甚至不需要增加任何选矿设备，仍然具有一定的实际意义。

2.5.2.5　*尾矿轻骨料*

尾矿轻骨料主要是利用一些可膨胀性黏土质尾矿，如某些煤矸石、淘洗泥浆淤泥等，来生产陶粒、陶砂等轻混凝土用多孔骨料。某些尾矿中，若含有较多的珍珠岩、蛭石时，通过适当富集，可用来生产超轻保温用轻骨料。如若尾矿主要由多孔岩石组成，可直接筛选，用作混凝土的轻骨料。根据粒型特征，轻骨料一般分为圆球型、普通型和碎石型三类。其中，圆球型和普通型是通过将尾矿经造粒或破碎后，利用烧胀原理焙烧而成的。碎石型可由多孔岩石型尾矿直接筛选获得。

烧胀法生产陶粒的原理是，富含黏土矿物的尾矿，可在高温下被逐渐软化，并具有一定的黏度，在外力作用下可以发生流动变形。同时，在此温度下，尾矿中的有机物氧化、碳酸盐分解、氧化铁还原、含水矿物脱水等化学反应所产生的气体，将产生膨胀压力。在气体压力作用下，其有一定黏度的软化黏土发生膨胀，若控制温度，恰好使得软化黏土膨胀，而气体又不能逸出，然后迅速冷却，即形成一种外壳致密坚硬、内部疏松多孔的轻质骨料。当其粒径大于或等于5mm时称为陶粒，小于5mm时称作陶砂。

2.5.3　水合型尾矿建材

无水或贫水的尾矿矿物，在含水（包括蒸汽）的环境中发生水化反应，并生成在使用条件下化学性质稳定、具有一定机械强度的含水矿物结合体的过程称为水化合成。由此所制得的建材产品称为水化合成尾矿建材。又由于这类建材产品的主要组成物相为一些含水的硅酸盐矿物，因此，通常又将其称为硅酸盐建筑制品。

目前，生产水化合成尾矿建材最常用的尾矿类型为硅质岩型、高铝（铁）硅酸盐型和长英岩型。也有人采用镁铁硅酸盐型尾矿生产蛇纹石质建筑材料。碳酸盐型尾矿一般不直接使用，需事先煅烧，使之分解成石灰或苛性白云石后，作为碱性配料使用。

已开发成功的水化合成尾矿建材产品主要有：各种免烧砖、加气混凝土砌块、硅酸盐混凝土空心砌块、铺路砌块、装饰砌块以及硅酸盐微孔保温材料等。

2.5.3.1 *蒸压尾矿砖*

以尾矿为主要原料，添加部分校正材料，经配料、坯料制备、成型、蒸压养护而制成的各种砌墙砖、铺地砖、护坡砖、路牙石等建材产品，均属于此类。

目前，用于生产这类材料的尾矿，主要是一些石英含量较高的晶态尾矿，由于碱度系数 K 较低，需要加入碱性校正材料。在原料的粒度组成上，这类材料通常不再单独使用粗骨料，而是采用自然级配的尾矿，因而在结构上，也没有明显的骨料与胶结料之分，所有颗粒均参与水化合成反应。其强度主要来源是由于尾矿颗粒与碱性激发剂之间的界面反应所生成的含水硅酸盐凝胶及结晶连生体，胶结了未反应完全的尾矿颗粒。

鉴于尾矿组成中绝大多数属于结晶矿物，故而这类材料必须在蒸压条件下才可形成。为了使材料既具有较高的强度，又具有良好的耐久性，就要求制品中尽可能多的形成水化硅酸钙矿物或凝胶，同时又不致含有过多的游离 CaO。

蒸压尾矿砖的性质与灰砂砖相似，与黏土烧结砖相比，优点是强度高，外观规整，不损毁土地，缺点是表面过于光滑，与砂浆的黏结能力较弱，砌体的抗折能力较差，而且通常不耐酸、不耐热、易收缩、耐软水侵蚀能力较差，因此，应避免应用于长期受热高于200℃、受急冷急热交替作用、受流水冲刷以及有酸性介质侵蚀的建筑部位。为防止墙体开裂，刚出釜的砖不要立即使用，宜存放一个月后再用，砌筑时，砖的含水率应控制在 7% ~9%，宜用混合砂浆，砂浆的强度应比砌筑黏土砖时高出一个标号。

2.5.3.2 *尾矿加气混凝土*

尾矿加气混凝土是一种内部均匀分布着大量微小气泡的轻质混凝

土，可制作成砌块、墙板、保温板等，用作承重或非承重的墙体与屋面材料。由于该产品具有表观密度小、热导率小、不腐不燃、加工方便、生产与使用能耗低、又可消耗工业废料的特点，因此，具有良好的开发前景。

尾矿加气混凝土的原材料主要是各种富含 SiO_2 和 Al_2O_3 的尾矿、石灰、石膏、水泥等碱性激发剂，以及铝粉等发气剂。加气混凝土的硬化原理与尾矿砖基本一致，但由于所用尾矿均为细粒级，表面积较大，参与水化合成反应的 SiO_2 较多，因此，生成物的 C/S 比相对较低，CSH（A）仅在蒸压初期出现，随着蒸压温度的升高，将依次转化为 CSH(B)和托贝莫来石。含 Al_2O_3 时，初期有三硫型水化硫铝酸钙生成，升温后，依次转化为水化铝酸钙和水石榴石。

尾矿加气混凝土砌块可用于一般建筑物的墙体，既可作多层建筑物的承重墙和非承重外墙、隔墙，也可用于屋面保温。但05-35级砌块用于横墙承重的房屋时，层数一般不超过3层，总高度不超过10m，07-50级砌块不宜用于超过5层、总高度不超过16m的承重墙。另外，不得用于建筑物的基础和处于浸水、高湿和有化学侵蚀的环境中，也不得用于承重制品表面温度高于80℃的建筑部位。

2.5.3.3 高强尾矿混凝土蒸压板与蒸压砌块

高强尾矿混凝土蒸压板是由磨细尾矿 + 石灰（或石灰 + 石膏）为胶结料、废石粒（ >5mm）为骨料，自然级配尾矿砂为细骨料，并配有钢筋或增强纤维，采用振动或振动加压成型，蒸压养护而形成的一类板材，可作为墙板或屋面板，也可作窗台板、阳台板使用。蒸压尾矿混凝土砌块，是不配筋的块体材料，有空心型与密实型之分。

这类制品的生产工艺与普通的水泥钢筋混凝土板和水泥混凝土砌块基本相同。不同之处仅在于：

（1）胶结料为磨细尾矿砂与石灰或磨细尾矿砂与石灰 + 石膏的混合物，而不是水泥。

（2）坯体的硬化强度发展较慢，大型的配筋板材往往需要带模养护。

（3）制品的强度必须通过蒸压获得，标养和蒸养难以满足使用要求。

（4）使用要求类同于灰砂制品。

2.5.3.4 *硅酸镁质尾矿水合建材*

硅酸镁质尾矿是指以橄榄石、辉石以及它们的蚀变矿物——蛇纹石为主要成分的铬尾矿、铜镍尾矿、石棉尾矿、滑石尾矿等。

橄榄石、辉石等无水的硅酸镁矿物，磨细后具有胶凝能力。用煅烧的蛇纹石或蛇纹石化橄榄石、辉石型尾矿，与石灰共同磨细，可制得石灰—蛇纹石、石灰—橄榄石、石灰—辉石或石灰—橄榄石—辉石型胶结料，或称为Ca—Mg混合硅酸盐水泥。也可以加入部分硅酸盐水泥熟料，制得相应的混合水泥。

2.5.4 胶结型尾矿建材

胶结型尾矿建材是指在常温或不高于100℃条件下，通过胶结材料将尾矿颗粒结合成整体，而制成的具有规则外形和满足使用条件的建筑用材料或制品。在这类材料中，尾矿主要起骨料（又称集料）作用，一般不参与材料形成的化学反应，但其本身的形态、颗粒分布、表面状态、机械强度、化学稳定性等性质，却对材料的技术性能具有重要影响。这类尾矿建材主要产品有尾矿混凝土及混凝土构件、尾矿免蒸免烧砖、尾矿混凝土空心砌块、尾矿铺路砖和地砖、尾矿充填料与灌浆料、尾矿沥青混凝土材料等。

2.5.4.1 *尾矿混凝土构件*

以采矿废石和选矿尾矿作骨料的混凝土梁、楼板、柱、桩、墙板等建筑结构构件，统称为尾矿混凝土构件。这类材料与普通的混凝土构件生产别无二样，只是骨料主要来自已经过人工加工的废石和尾矿，从而可从骨料破碎和环保意义上获得附加效益。

2.5.4.2 *尾矿混凝土空心砌块*

这类尾矿建材，由于生产简单灵活、产品适用面广，又符合产业政策，因此，非常适合在矿区附近组织开发。尾矿砌块，按承载能力可分为承重砌块和非承重砌块。按用途，可分为结构砌块（主要用作砌筑墙体）、构造砌块（如过梁砌块、圈梁砌块、门窗砌块、柱用砌块、楼面砌块、烟道砌块等）、装饰砌块、功能砌块、铺地砌块、花格砌块、筒仓砌块等等。尾矿空心砌块的骨料粒径一般不超过

15mm，可只采用破碎的废石渣，也可以选用一部分石渣与尾矿砂配合，形成连续级配。

2.5.4.3　*彩色尾矿混凝土装饰板*

某些尾矿，常常由于风化染色或含有色彩鲜艳的蚀变矿物，本身即具有彩砂的性质。凡具有白色或彩色的废石及尾矿，只要杂质含量不超出规定，即可作为彩色混凝土装饰板的原料使用。

彩色混凝土装饰板，又称为无机人造大理石或花岗石，是一种质优价廉的建筑装饰材料，广泛用于铺贴建筑物的墙壁、地板、台阶以及人行道、广场、公园等地面。按照板材的结构，可分为单层式和复层式两种类型。单层式板材内外具有相同的结构，即通常所说的水磨石。内部结构有彩色石米、彩砂和白色或彩色水泥石构成。复层式板材的结构层，采用一般的水泥基细石尾矿混凝土，面层采用各种方法制成色彩鲜艳、光洁明亮或具有仿石效果的表面，以增加装饰效果。

从实质上讲，尾矿即是一种人工磨细的砂子，因此，只要成分符合规定，便可用于配制砂浆。但由于尾矿颗粒一般较细，用于砂浆时，搅拌比较困难，水泥需用量较多、收缩率较大。但只要采用一定的技术措施，比如使用减水剂、膨胀剂改性等，完全可以在不增加水泥用量的条件下，制得合格的尾矿砂浆，用于建筑物的砌筑、装饰和防护。其经济效益优于使用河砂，具有广阔的前途。

2.6　选矿厂尾矿作采空区充填料

近十多年来，我国应用充填采矿法的金属矿山日益增多，在充填料制备、输送技术、充填材料开发和充填回采工艺技术等方面均取得了长足的发展，加之井下无轨自动设备的广泛应用，充填采矿现已成为我国一种高效的开采方法。随着现有探明的矿产资源的不断消耗，采矿向深部发展，地温地压的增加，环保要求的日趋严格，充填采矿法在21世纪将会得到更大的发展。

2.6.1　充填采矿技术发展简介

我国金属矿山地下开采充填采矿技术，概括地说，大致经历三个发展阶段。

（1）第一阶段（20世纪60～70年代）。我国金属矿山使用浅孔留矿法的鼎盛时期是20世纪60年代初，当时东北、内蒙古、山东、河北等60年代以前开发的矿山，几乎清一色使用此法开采，但到60年代末期出现充填采矿法。内蒙古红花沟金矿60年代初建矿，60年代末期，留矿采矿法采矿量只占矿山的一半，其余则为削壁与干式充填采矿法生产。该矿改变采矿法的原因是：由于围岩不稳固而使上盘及顶板经常冒落，造成大量贫化；矿体沿走向及倾向脉幅变化大，混采留矿采矿法出矿品位低；大放矿时围岩冒落堵塞漏斗，采下矿石不能放出而损失；回采过程中采场不安全，曾发生两起死亡事故。当时内蒙古4大岩金矿还有金厂沟、撰山子、东风金矿于70年代初期井始使用干式充填采矿法。

（2）第二阶段（20世纪80年代）。典型蚀变岩中厚矿床开采的焦家、新城金矿均于1980年投产。由于储量大、品位高、矿岩不稳固及地表不许陷落，所以利用上向水平分级尾砂充填法生产。这是我国岩金矿山首次应用立式砂仓自流输送充填技术，使充填技术提高到一个新水平。此技术有利于控制地压活动，防止地表大面积陷落；选厂分级尾砂得到充分利用，减少尾矿工程投资；使不稳固的蚀变岩矿体回采成为可能，并使矿山取得很大经济效益。

由此而带动一大批矿山使用尾砂或尾砂胶结充填采矿法。比如仓上、金城、河东、河西、尹格庄、岭南等金矿均采用此法。在此期间，灵山分矿、大水清金矿试验成功下向胶结充填采矿法，东坪金矿试验成功上向块石胶结充填采矿法，使回采工艺适应矿床开采条件，充填技术更具多样性。20世纪80年代初期统计，岩金地采矿山空场采矿比例仅67%，充填采矿法已高达31%。

（3）第三阶段（20世纪90年代）。这是岩金矿山充填采矿技术提高与创新阶段。其主要特点是矿山自觉使用充填法并开发出一种新型充填材料。

20世纪80年代末期，我国开发出一种新型工程材料——高水速凝材料（简称高水材料）。它由甲、乙两种固体粉料组成。甲料包括铝酸盐或硫铝酸盐、缓凝剂及调整剂；乙料由石膏、石灰、黏土配以促凝剂组成。甲、乙料分别加入一定量的水制成灰浆，按1∶1混合后，30min 即可凝结成固体。其强度增长极快：1h 强度达 0.5 ~ 1.0MPa；1 天为 3.0 ~ 4.0MPa；2 天终凝强度 5.0 ~ 8.0MPa。此种新型材料首次在焦家金矿应用，并开展高水固结尾砂充填采矿新工艺研究，进行上向与下向进路回采试验并取得成功。在此基础上，又开发成功由生石灰、石膏、矾土和适量添加剂组成的一种固体粉料单管输送的新材料，并在鸡冠嘴等金矿进行充填采矿法试验研究。

2.6.2　尾砂充填技术

2.6.2.1　采场隔墙技术

开采蚀变岩型中厚且矿岩较稳固矿床一般用分级尾砂充填采矿法。矿体平均厚度较大，采场垂直矿体走向布置，采场之间间隔回采，所以，采场之间须有足够强度的隔墙。其目的有三：一是使相邻采场回采成为可能，并减少矿石损失；二是尽可能提高后采采场作业的安全性；三是减少后采采场充填尾砂混入，降低矿石贫化，提高出矿品位。我国岩金矿山先后使用过下述几种隔墙技术：

（1）袋装尾砂隔墙技术。蚀变岩型矿床早期开采时，是用干式充填采矿法，其隔墙用块石与水泥砂浆构筑。当使用分级尾砂充填法时，是用尼龙编织袋来装尾砂垛筑隔墙。当采场充填一定高度时，清出需筑隔墙处尾砂，并装袋垛高，再充填，再垛高，直达设计要求。此种方式构筑简单，但需大量人力，并费时，也不能抗爆破矿石冲击。

（2）胶结充填隔墙技术。针对上述隔墙技术的缺点，有的矿山为了降低充填成本，在继续使用尾砂充填技术基础上。采场每充填一定高度（如 1.0 ~ 1.5m）并脱水后，工人进入采场在采场两侧用铁锹挖出 1.0 ~ 1.5m 宽、深度以见到底板（或胶结充填体）为止，再用 1∶10 水泥尾砂胶结充填至原尾砂高度，如此循环，直到满足要求时，使采场分级尾砂包裹在高强度的胶结充填体中，形成隔墙。

（3）柔性隔墙技术。柔性隔墙是一种技术创新，在尹格庄、望儿山等金矿应用。此种隔墙在采场两侧帮，用直径 6.5mm 钢筋编织成 0.25m × 0.25m ~ 0.3m × 0.3m 的网格，再挂上 1 ~ 2 层苇箔，若采场长度过大，中间还需用直径 50mm 钢筋作立柱，网格在上下帮用锚杆固定。钢筋横竖拉紧，并用电焊焊牢。此技术简化施工工序，有利采场脱水，且成本低，质量有保证，苇箔使用寿命达 1 年以上。

2.6.2.2 泄水构筑物

分级尾砂充填，其质量分数最高仅 65%，所以有大量水需从采场渗滤出去，采场必须有泄水构筑物。最早使用钢板围成直径 1.0m 圆筒，里面焊上角钢或圆钢，外面钻孔，并包裹麻袋片，当作采场泄水井并兼作行人通风井。此外，有的矿山用方木架设方形泄水井。

由于钢质圆筒泄水井成本高，泄水速度慢，效果差，尹格庄金矿研制成功增强塑料泄水桶外缠 2 层土工布；并在 2 层土工布之间包一层苇箔。这样，既增大泄水面积，又提高了泄水效果。其原材料成本仅是钢质成本的 1/9，经济效益显著。该种泄水井，材质轻便，利于安装，角度可调，机动灵活。

2.6.2.3 负压脱水技术

分级尾砂充填采场使用负压脱水，可大大加快脱水速度，减少密闭墙静水压力，提高充填能力和尾砂利用率。

此技术其原理是利用水射流过程，由于改变管径而形成负压，从而带动采场多余的水快速流出。负压脱水装置包括负压器、负压箱、渗滤管、水泵、供水管、压风管、排水管等。用水泵向负压器供水时，所形成的负压带动负压箱、渗滤管加速采场脱水；当停止供水，向负压器供高压风时，可把负压器与渗滤管吹洗干净，不因细泥堵塞而降低脱水速度。故此，该装置有 3 个功能：一是自然脱水，二是负压脱水，三是过滤材料清理。

2.6.2.4 压缩空气清洗充填管道技术

高浓度砂浆自流输送充填在每次开始或停止充填作业时，都要注入大量的水进行引流和刷洗充填管道，以保证充填管道的畅通。通常这些水都被注入到充填采场中，这样削弱了高浓度充填的意义。多数矿山充填过程中非正常停充次数频繁。根据部分矿山统计，平均不足 3h 停 1 次。为从根本上解决充填工艺中存在的问题，提高充填体的质量。该装置串联于充填管上，利用射流原理，使高压风以一定的方向作用于充填砂浆，在压风强有力的冲击下，砂浆获得动力而向前移动，使之达到引流和清刷充填管道的目的。喷射器主要由单向逆止阀、喷嘴、喷射管组成，其特点是：作用线路长，在平直水平管路上，每个喷射器的有效工作距离可达200m左右；工作风压小，一般为300kPa以上，启动风压仅为80kPa；结构简单，工作安全可靠，可有效防止返浆；操作简单，喷射器间隔安装在充填管道上，只需开启总阀门便可使喷射器自动地顺序启动，检查维修方便。

2.6.2.5　充填搅拌站造浆控制技术

近十多年来，计算机技术在充填搅拌站得到了广泛的应用。金川二矿区西部充填搅拌站采用了先进的计算机集散控制系统。该系统以计算机为主体、以智能化仪器仪表为骨干，操作人员通过SCC—CRT操作站上的键盘和显示器可对搅拌过程中的砂量、水量、灰量、制浆浓度、料浆流量、搅拌桶液位等工艺参数进行集中监视和控制，可根据生产工艺要求，对搅拌过程中的各参数进行调整。该系统除自动控制外，还配备有手动控制和用于事故处理的强制执行功能，并在表盘、操作站上分别配有声光报警系统，提高了搅拌系统运行的可靠性。

2.6.3　充填材料

20世纪80年代末，我国开始研制与开发用于矿山充填的新型胶结材料，其中在高水材料、高炉矿渣、赤泥和灰煤等胶凝材料的研究与应用方面取得了较大的进展。

（1）高水速凝全尾砂胶结充填材料。高水速凝固化胶结充填的最大优点是能以很小的体积固液比（$c_V=0.1\sim0.5$）在较短时间内凝固、硬化，最终形成一种有一定强度的高含水固体。我国从1986年开始试验研究高水充填材料及其充填工艺，试验获得成功后，在煤炭矿山广泛推广使用。其充填工艺为：用甲料（高铝水泥、缓凝剂）和乙料（膨润土、二水石膏、生石灰、速凝剂）分别加水制成胶结料浆，经双活塞往复式充填泵以1∶1等量分别输送，在管道出口处，由多孔板混合器混合进行袋式充填。高水充填料浆浓度低、输送方便，采场不脱水，不污染井下作业环境。

（2）高炉矿渣胶凝材料。1994年，济南钢铁公司张马屯铁矿为降低充填成本，进行了高炉矿渣取代水泥作胶凝材料的胶结充填试验研究。试验结果表明，采用尾砂：水泥+炉渣为7∶1的配比，用磨细的高炉矿渣替代胶结充填料中的部分水泥，充填体强度不仅不会降低，反而随着炉渣替代水泥量的增加，充填体强度提高。张马屯铁矿建立了高炉矿渣充填系统，铜陵公司安庆铜矿和南京铅锌银矿推广应用了该技术。

2.6.4 充填系统

尾砂水力充填和尾砂胶结充填系统包括地面充填料制备站系统和井下充填系统。地面充填料制备站系统集中在地面，进行充填料的制备和输送。该系统主要由尾砂的贮存和放出、水泥的输送和给定、灰砂浆的制备与输送及供水供风系统四部分组成。

（1）尾砂的贮存和放出。选矿厂的质量分数为25%左右的分级尾砂送到制备站吸砂池，经4PNUA型衬胶砂泵分别扬入2个半球形底的立式砂仓内贮存，并沉淀成饱和尾砂。饱和尾砂经过再造浆。通过砂仓底部4个放砂口等阻力放砂汇集于缓冲漏斗，经总放砂管放入高浓度搅拌筒内。另外，砂仓上部均布有8个溢流口汇集至溢流槽，经溢流管溢流出砂仓中多余的水。

（2）水泥的输送与给定。散装水泥罐车运来的散装水泥，用风力输送到了水泥仓内。水泥经水泥仓底部的单同螺旋闸门及弹性叶轮给料机，按所需量将水泥经螺旋输送机送到1.5t稳料仓，然后，再经单向螺旋闸门及弹性叶轮给料机按给定输送到高浓度搅拌筒。

（3）灰砂浆的制备与输送。符合浓度要求的尾砂浆与按灰砂比1∶4配比要求的水泥，直接在高浓度搅拌筒内混合，搅拌均匀，制成所需的灰砂浆。

（4）供水供风系统。砂仓环形喷管的喷嘴和造浆喷嘴的压力水、搅拌筒用水和充填管道冲洗及其他用水，均由两台离心式清水泵并联供给，根据用水需要可以单台工作或2台同时工作。水泥用风力输送和水泥仓顶脉冲喷吹袖袋除尘器及水泥仓仓底吹松管回风，均由矿山空气压缩机站通过气水分离器经减压阀供给。在地表搅拌站高浓度搅拌筒内将制好的尾砂浆或灰砂浆，先经充填钻孔下放至-70m中段，由-70m平巷到服务井，再到各生产分段巷道和采场联络道口，用增强聚乙烯软管从采场联络道引进采场内，进行充填。尾砂浆及灰砂浆浓度和流量由安装在总放砂管中的U形管上和高浓度搅拌筒出口的管道上的γ射线浓度计和电磁流量计进行测定。水泥加入量通过安装在稳料仓下的弹性叶轮给料机与高浓度搅拌筒之间冲击式流量计来进行测定。

2.6.5 采场充填工序

采场充填工序主要包括废石回窿充填、采场安全检查、泄水墙的架设、泄水笼的安装、渗水坝的堆筑、充填管路的铺设、尾砂充填和胶结充填及污水处理等工序。

(1) 废石回窿充填。采场分层回采结束后，先用井下开拓和采准工程的废石进行充填，充填高度约1.5m，为废石回窿充填。废石回窿充填提供了采场尾砂充填和胶结充填的筑坝材料。这是因为废石充填渗水条件好，也能增加尾砂充填体的强度。

(2) 采场的安全检查。尾砂充填和胶结充填前，必须对采场顶板和上盘进行检查，发现隐患，及时处理，以确保充填期间的安全。

(3) 泄水墙的架设。在采场两翼通风泄水小巷上，一般采用方木支撑，并迎砂面敷设金属网和尼龙编织布的方法架设泄水隔墙。泄水墙的架设一方面便于充填料泄水，另一方面防止充填时充填料的流失。

(4) 泄水笼的安装。为加强采场充填泄水，一般在采场两翼通风泄水井附近、采场联络道口附近或采场内面积较大的区域，安装预制泄水笼。泄水笼是用废旧锚杆焊接而成的，直径1.0m，高2.4m。泄水笼中的充填料泄水，一般采用钻孔或泄水管泄至采场两翼的通风泄水井内或采场联络道中。

(5) 渗水坝的堆筑。在采场联络道口，一般采用废石堆坝，并迎砂面铺设尼龙编织布，以利于充填泄水。

(6) 充填管路的铺设。采场联络道及采场内均使用100mm增强聚乙烯管，在采场联络道口处与分段巷道中，充填主干管用三通法兰盘连接，在进路法采场进行接顶充填时，还要将充填管吊挂在采场顶板上。

（7）尾砂充填和胶结充填。打开采场联络道口的三通法兰盘，放清水冲洗管路，清水直接排到分段巷道水沟中，看到充填料浆时，立即关闭排水口，料浆即从充填管进入采场。采场充填一般采用从采场联络道口向两翼前进式充填，在宽度方向上从下盘向上盘充填。3m 高的分层一般分 3 次充填。第一次用废石和尾砂充填至 1.5m 高左右；第二次用尾砂充填至 2.8m 高，然后进行平场找平，最后进行胶结充填，胶结充填厚度为 0.4m。每次充填结束后，用清水冲洗充填管路，冲洗水直接排到分段巷道水沟中。

（8）污水处理。充填过程中脱出的含泥污水，一部分经采场两翼泄水隔墙渗滤到通风泄水井，流到下部中段风井联络道内，最后流到下部中段巷道水沟中；一部分经采场联络道渗水坝渗滤到本分段巷道水沟中，最后流到下部中段巷道水沟中。下部中段巷道内设置有沉淀池处理充填污水。

2.6.6 尾矿充填采矿技术发展方向

2.6.6.1 创造新型采矿工艺

充填采矿技术要结合矿山特点，矿床开采技术条件，发明与创造一些与其他采矿技术相结合的新型采矿方法。

对于缓倾斜极薄矿脉开采，可用矿岩分掘，废石抛掷充填空区，即削壁充填与爆力运矿相结合的采矿法。对于厚大而矿岩较稳固矿体，可用浅孔或中深孔空场采矿法开采，采后空区用尾砂胶结、块石胶结或高水材料充填，即阶段连续回采快速充填采矿工艺，既降低成本，又增大效率；也做到空区及时处理。

2.6.6.2 加强高水材料长期性能研究

高水材料是一种新型支护材料，其质量水固比达 (2.5 ~ 3.0) : 1，体积含水率 90%，并具有短时间内凝固、早期强度高等特点。高水材料除在采矿工艺应用外，还可在楼房基础注浆加固、堵漏防渗、巷旁充填支护等工程中应用。

2.6.6.3 提高机械化作业水平及效率

在薄矿脉开采矿山有条件者，使用国产机械或微型无轨设备进行机械化作业研究，提高生产能力，促进技术进步。

2.6.6.4　深部充填采矿技术

我国金属矿山石嘴子铜矿，从上部 25m 阶段到闭坑深达 950m，始终使用浅孔留矿采矿法。该采矿方法在中等深度（530m 以上）开采中，可获较好效果，但采深增加时，矿区压力大，作业条件日渐困难，相应改变矿块结构参数，由上部大矿房小间柱，到中部小矿房大间柱，再到深部大顶柱均未能很好地解决回采困难，造成大量矿石损失。因此，借鉴国外深部矿体开采经验，充填法是唯一可行的回采工艺。然而，充填采矿法多种多样，充填技术五花八门，采用何种回采方法及充填工艺，是今后应根据具体矿床开采条件而开展研究的主要课题。

2.6.7　全尾砂胶结充填技术

全尾砂胶结充填技术有全尾砂和高浓度两大特点。在浆体管道的输送过程中，充填料浆“高浓度”是指大于临界流态浓度而小于极限可输送浓度。随着料浆浓度的提高，充填料浆的流态特性将逐渐发生变化：当料浆浓度达到临界流态浓度时，料浆的水力坡度随流速的增大而从 $n>1$ 的指数函数关系逐步变为 $n=1$ 或 $n<1$ 的指数函数关系。究其实质，是因为料浆浓度较低时，传统的水力充填是非均质的两相流动，固体颗粒与流体之间将发生相对运动，或沿管壁滑动、滚动、作不连续的跳跃，或呈悬浮状态，增大了管道的输送阻力。而全尾砂高浓度充填料浆呈满管低速流动，为似均质的结构流体，并且，在管道横截面上沿径向由外向里形成三个层次：水膜层、薄浆层和膏状充填料浆芯柱，水膜和薄浆层在管道周壁形成了阻力很小的润滑层，确保芯柱处于“柱塞流”状态，使料浆管道输送阻力明显降低。

当然，随着充填料浆浓度的提高，料浆的黏性系数必然增加，且当高浓度的充填料浆浓度超过某一限值（极限可输送浓度）时，料浆的黏性系数将急剧增加，致使管道输送阻力大幅度增加。因此，全尾砂高浓度充填料浆输送时应低于该浓度极限值。根据我国试验测定，极限浓度值略高于临界流态浓度 3% ~5%。

其次，良好的充填料须能最大限度地占据空间，并具有较小的孔隙率和沉缩率，以便最大限度地发挥充填体的承载作用，这样就要求充填料中必须具有一定的细粒级组成。从充填料粒级级配来看，充填材料按 0.25mm 划分为粗粒级和细粒级，小于 0.25mm 的细粒级与水混合后形成浆体粘附在粗粒级表面，并填充其空隙，尤其 -25μm 的微细粒级，在高浓度浆体的输送过程中却发挥着更加重要的作用：一方面微细粒级在浆体管道的输送过程中，极易趋向于管道周壁，形成润滑层，并阻止粗颗粒下沉或堆积，从而确保高浓度浆体形成“杜塞流”，极大地降低管道输送阻力，减小管道磨损；另一方面微细粒级使高浓度充填料浆具有触变性能，即静止时浆体的内聚力和黏性加大，运动时则减小，这样确保高浓度料浆具有良好的保水性能，使充填料浆尤其粗颗粒不至于在输送过程中、特别是停泵时造成大量水泌出，产出沉淀、离析而导致堵管，因而微细粒级促使高浓度充填料浆具有良好的稳定性。因此，从理论上讲，传统的分级尾砂充填由于去掉 -20μm 或 -37μm 的微细粒级部分，同时削弱了高浓度输送润滑层的形成，恶化了高浓度输送的必要条件，而全尾砂高浓度胶结充填是切实可行的。

不同粒级组成的充填料具有不同的高浓度值，进而得到不同的高浓度充填料浆的输送性能（流动性、可塑性、稳定性）和流变特性。目前我国多采用可泵性作为衡量全尾砂高浓度充填料浆输送性能的一个综合指标，并借用混凝土输送经验中坍落度和泌水率两个概念来表示。而全尾砂高浓度充填料浆是否具有良好的可泵性和流变特性决定着全尾砂高浓度胶结充填能否顺利进行。根据我国全尾砂高浓度胶结充填试验，适宜泵送的料浆坍落度值，全尾砂膏体为 12 ~ 20cm，全尾砂细石膏体为 10 ~ 20cm；在满足充填料浆稳定性条件下，充填料浆的泌水率一般应小于 3%，压力相对泌水率应小于 30%。为了改善全尾砂高浓度料浆的可泵性及流变特性，并降低胶结充填成本，目前多采用在全尾砂充填料中加入一定的粗骨料和胶结剂代用品。由于粗骨料的加入，充填材料粗细搭配，充填料浆密度和高浓度值明显提高，并且充填料浆的坍落度值逐渐增加，泌水率逐渐降低。根据我国金川公司等的试验，全尾砂与细石的质量比以 1 : 1 为最优。

根据全尾砂高浓度胶结充填特点，全尾砂高浓度胶结充填系统通常包括脱水系统、搅拌系统、检测系统和管路系统。其中脱水系统和搅拌系统是全尾砂高浓度胶结充填成功应用的关键。

2.6.7.1　脱水系统

为了制备全尾砂高浓度料浆，一般全尾砂采用二段脱水工艺，即先将选矿厂来的20%左右浓度的尾矿浓缩到50%左右，然后再进行过滤，这样不仅可保证过滤时的回水质量，还可提高尾矿过滤效率。

高浓缩机是近年来发展起来的新设备，广泛用于尾矿的第一段脱水；它借助于高分子聚合物絮凝剂的作用，并采用下部给矿（絮凝层下方）方式，大大提高了浓缩机效率。真空过滤机是目前常用的尾矿浓缩设备，广泛用于尾矿的第二段脱水。

2.6.7.2　搅拌系统

普通搅拌很难破坏微细颗粒固体和水产生的聚凝集合体，因此，一般的搅拌设备要使微细颗粒的尾砂和水泥混合均匀是非常困难的。为了实现全尾砂高浓度胶结充填搅拌，前苏联诺斯克矿采用活化搅拌机使微细分散材料能较好地混合均匀，从而开创了固体颗粒活化搅拌先例。全尾砂高浓度胶结充填料浆通常采用二段搅拌流程以提高搅拌质量。长沙矿山研究院等设计制造了多种活化搅拌机，现场试验都取得了良好的搅拌效果。在金川公司全尾砂膏体泵压充填新工艺试验中，为了与引进的德国PM公司生产的KOS—2170型充填泵的膏体物料制备方式和生产能力相匹配，制造了二段专用的搅拌机：第一段搅拌机为ATD—Ⅱ型双轴叶片式，主要用于打碎大泥块并初步将几种物料混合成膏体。第二段搅拌机为ATD—Ⅰ型双螺旋输送搅拌机，主要用于膏体的贮存、搅拌和输送。

2.6.7.3　检测系统

高浓度料浆具有良好的性能，并且料浆浓度的变化对充填料浆特性的影响极为敏感，为了确保全尾砂高浓度胶结充填正常，全尾砂高浓度胶结充填系统必须能够对制备的胶结充填料浆浓度、流量及各种物料配比等进行监测和控制，建立一套可靠、完善的充填监控系统。

凡口铅锌矿和金川公司的全尾砂高浓度胶结充填系统的自动检测和控制仪表都是在目前生产系统的自动仪表设计基础上经过局部改造而建成的，实现了仪表自动检测和计算机综合处理，并完全实行了自动控制。当然，由于高浓度料浆所具有的特性如浓度高、流速低、管内压力高等，给选择适用的检测控制仪表也带来一定的困难。

2.6.7.4 管路系统

全尾砂高浓度胶结充填料浆，由于细粒级含量高、浓度高，在管路内呈稳定的均质流，而且其流速处于层流区域内；对于膏体泵压充填，为节约能源，降低泵压，输送流速应选择0.5～1.0m/s，因此，全尾砂高浓度胶结充填必须依照高浓度料浆的流变特性设计其管路系统。

根据充填管路的布置原则，井下管路大多采用阶梯形布置，其中任一梯段的管网倍线均不能大于总倍线。值得说明的是，对于高浓度自流输送的充填倍线，除计算正常输送时的充填倍线外，还应该考虑清洗管道时的充填倍线，因为当冲洗管道时，高浓度料浆所形成的垂直段自然压头被水柱取代后，由于高浓度料浆密度通常要比水的大1.8～1.9倍，造成同样输送条件下，充填倍线要降低很多。如凡口铅锌矿生产充填时正常输送的充填倍线为8～6.4，而当清洗管道时，充填倍线降低为4～3.2。

其次，管路系统的管径主要根据充填能力、流速和充填料的组成确定。在同等流量下，压力损失随管径增大而显著减小，工程中应尽量采用大管径。凡口铅锌矿和金川公司选用管径多在0.1～0.15m之间。对于掺有粗骨料（-25mm）的膏体充填，一般选取管径0.15m；并且为了降低阻力，增大水平输送距离，消除垂直管内的空气，垂直部分的管径可适当加大。

再次，全尾砂高浓度胶结充填料浆管内的压力较大，充填管路系统中开始段和垂直向下段的压力都有可能超过6～10MPa，必须采用快速接头，耐压须达到12MPa，并且接头内壁必须平滑等径，弯头曲率半径应大于0.7～1.2m。泵压充填时，还必须考虑泵往复冲程产生的振动，在下向满管泵送段设置排气装置和电动液压阀等，采取减振措施。

2.6.8 国内外全尾砂胶结充填技术的应用现状

20世纪80年代，全尾砂胶结充填技术首先在德国、南非取得成功，随后在原苏联、美国和加拿大等国得到应用。80年代末期，我国开始在广东凡口铅锌矿和金川有色金属公司进行试验研究，并用于工业生产。

由于各矿山的开拓和采矿工艺的要求不同，故所采用的料浆制备、输送工艺、充填法及设备等方面各有差异。

（1）原苏联阿奇赛公司全尾砂胶结充填自流输送工艺。阿奇赛公司使用积存于尾矿库中的全尾砂作充填料。尾砂中 $-43\mu m$ 粒级占 70%。每 $1m^3$ 充填料浆的成分为：干尾砂 1550～1600kg，400 号水泥 80～140kg，水 400～420kg。汽车将尾砂卸入受料堑沟，用电耙将尾砂耙运到受料漏斗，然后经给料器、胶带运输机和皮带秤给入双轴混合机。25t 筒仓内的水泥利用仓底气泵转移到配料仓，由可调式螺旋给料机和自动皮带秤送入搅拌筒内与水混合制成水泥浆，并自流到双轴混合机。充填料浆在双轴混合机一次搅拌后自流入旋流活化搅拌器进行二次强力搅拌，然后由垂直钻孔和水平管路（ϕ150mm）自流输送到充填采场。充填站控制室内安装有手动和自动两套控制系统，用圆盘记录仪记录尾砂、水泥和水的用量。

矿山充填倍线一般为 6～7，最大达到 9。充填能力为 $120m^3/h$。充填体 28 天龄期的单轴抗压强度为 1～1.5MPa，沉缩率为 0～1.5%。

（2）凡口铅锌矿高浓度全尾砂胶结充填自流输送工艺。凡口铅锌矿、长沙矿山研究院和长沙有色冶金设计研究院共同合作，完成了高浓度全尾砂胶结充填新工艺和装备的研究。

来自选厂的尾矿浆（质量分数 15%～20%），经 ϕ9000mm 高效浓密机一段脱水，沉砂（质量分数约 50%）进入圆盘真空过滤机二段脱水，含水率约 20% 的滤饼由皮带机运至卧式砂仓。湿尾砂由 55kW 电耙间断耙运到中间贮料仓，经带破拱架的振动放料机、计量皮带运输机给入双轴桨叶式搅拌机。水泥经水泥筒仓、双轴螺旋喂料机、冲量流量计进入搅拌机，与尾砂和水混合搅拌。充填料浆再自流入高效强力搅拌机进行二次强力活化搅拌后，经垂直钻孔和充填管路（ϕ25mm）自流到井下充填采场。

由检测仪表、中央控制台和微机组成的自动检测与综合处理系统检测尾砂的含水率、水泥添加量、加水量及充填料浆的质量分数和灰砂比。

该矿全尾砂中 $-74\mu m$ 粒级的含量占62%～84%。充填料浆质量分数为70%～76%，水泥耗量 $214kg/m^3$，充填能力为 $48\sim54m^3/h$。充填体28天龄期单轴抗压强度为3MPa左右。

(3) 德国格隆德（Bad Ground）铅锌矿全尾砂泵送胶结充填工艺。格隆德铅锌矿的充填材料选用重选尾砂（粒度0.8～30mm）和浮选全尾砂（粒度 -0.5mm，其中 $-60\mu m$ 占50%），分别脱水后按比例（1∶1）再加入少量的水搅拌成高浓度砂浆，用给料机喂入160kW的双活塞泵加压，通过管路（$\phi152mm$）经竖井送入井下。东采区水平距离短，不需要再加压，西采区输送距离长，需要用中继给料机和160kW双活塞泵再加压一次。水泥贮存在一个 $100m^3$ 的水泥仓中，充填时，借助压风管中的压缩空气将干水泥输送到距充填管出口约30m处，通过一个水泥喷射装置，将干水泥喷入充填管路中与全尾砂充填料浆混合，进入到充填采场。

该充填工艺充填料浆的质量分数高达85%左右，在水泥添加量为 $60\sim100kg/m^3$ 时，便可达到该矿下向胶结充填所要求的充填体28天龄期单轴抗压强度大于2MPa的数值。

(4) 奥地利布莱堡（Bleiberg）铅锌矿全尾砂、碎石泵送胶结充填工艺。布莱堡铅锌矿借鉴格隆德矿的经验，建成了具有自己特色的全尾砂加碎石的泵送充填系统。浮选尾砂经浓缩、压滤两段脱水后，形成含水18.2%的滤饼，直接进入双轮螺旋叶片式搅拌机。同时 -30mm的碎石经皮带运输机进入搅拌机（浮选尾砂与碎石的比例为6∶4），并添加少量减阻细灰以降低输送阻力。搅拌后的料浆进入 $5m^3$ 供料槽，经再次搅拌后送入双活塞泵，加压后经充填管路（$\phi40mm$）输送到井下。充填料浆中水泥的添加是采用地表制浆，用独立的水泥浆系统送到井下，在充填料进入采场前，将水泥浆压入充填管路中与充填料混合，进行采场充填。

(5) 金川有色金属公司全尾砂泵送充填系统。金川有色金属公司与北京有色冶金设计研究总院合作，在金川二矿区进行了全尾砂下向胶结充填技术及设备的研究。

试验研究使用的选厂全尾砂经 $\phi8m$ 浓缩机和 $20m^3$ 的鼓式折带过滤机过滤后，用汽车运至搅拌站并转载到砂仓内。全尾砂经砂仓下部盘式给料、计量皮带运输机进入第一段双轴叶片式搅拌机。-25mm碎石经仓下电振给料机、核子秤、皮带机转载至运送全尾砂的主皮带机上，与全尾砂同时进入搅拌机，水泥按配比制浆后流入搅拌机。全尾砂、碎石和水泥经第一段搅拌混合后，自流到第二段双轴螺旋搅拌输送机，经喂料口给入 PM 双缸液压活塞泵（$Q=70m^3/h$，$p=60MPa$）加压，通过 ϕ139mm 钻孔和井下 ϕ123mm 管路将充填料浆送至采场。

工业试验共充填了 1615m^3，其中全尾砂胶结充填 1100m^3，全尾砂加碎石胶结充填 515m^3。在满足该矿下向充填采矿法要求及 $R_{28} \geqslant$ 4MPa 的条件下，采用全尾砂充填时，选用灰砂比为 1∶4，水泥耗量 280~310kg/m^3，料浆的质量分数为 74%~76%，100m 管道阻力损失 1.0~1.2MPa；采用全尾砂加碎石胶结充填时，配比为 1∶1，水泥耗量 180~200kg/m^3，质量分数为 81%~84%，100m 管道阻力损失为 0.8~1MPa。

2.6.9 全尾砂胶结充填技术改进及发展方向

全尾砂充填一方面提高了尾砂的利用率及充填材料的选择范围；另一方面高浓度充填降低了充填料浆的水灰比，从而大大改善了充填特性：充填强度提高，充填料沉缩率降低。这些对于充分发挥充填体承载作用，满足特定生产技术条件下的采矿要求以及提高矿石的回收率等都具有非常重要的作用，促进了全尾砂高浓度胶结充填技术的迅猛发展。

当然，由于全尾砂高浓度胶结充填系统中，尾矿浓缩脱水及充填料浆的搅拌工艺都采用了先进的专用设备，其关键设备仍依赖进口，加之自动检测控制仪表等，一次性投资费用较大，大大限制了全尾砂高浓度充填技术的发展和在中小型矿山或地方矿山的推广应用。为了全面发展全尾砂高浓度胶结充填，必须大力研制和改进全尾砂高浓度胶结充填系统中专用设备，实行专用设备国产化。

全尾砂高浓度（膏体）浆体管道输送有其固有的特点，必须进一步研究减阻措施，降低矿山能源消耗。根据浆体的滑移特性，目前广泛开展了在充填料浆中加入一定量减阻剂或在长距离管线中每隔一定距离设置减阻环定量加入清水或减阻剂的研究，促进输送管道环形管壁处低黏度层的形成，上述方向的研究必将有利于充填料特别是粗颗粒骨料的顺利输送，减少管道磨损，无疑对全尾砂高浓度（膏体）胶结充填获得实际应用具有重要的指导意义。

全尾砂胶结充填技术的研究和应用，经过不断地探索，在充填料浆的制备、充填系统、输送工艺及设备和理论研究诸方面都取得了较大的发展。

(1) 充填材料的选择。提高充填采矿法经济效益的一个重要途径就是降低充填成本。而降低充填成本的关键在于降低充填料浆中水泥的消耗和选用廉价的充填材料。使用全尾砂和水泥作充填材料已经获得了明显的经济效益和社会效益，为进一步降低充填成本，可从以下几方面予以改进。

1）添加粉煤灰。在全尾砂充填料浆中添加适量的粉煤灰可取代部分水泥。添加粉煤灰后，在保持原有坍落度的情况下，可提高料浆浓度；在不改变浓度的情况下，可改善料浆的和易性、减少泌水性，防止离析；降低干缩率5%左右，提高弹性模量约5%～10%。粉煤灰的添加可提高充填体的强度，如按1∶0.5(水泥∶粉煤灰)添加，在相同强度下，可降低水泥用量的20%左右。粉煤灰可改善充填料浆的流变特性，更适合泵送充填工艺。粉煤灰适宜的添加量一般为水泥用量的20%～50%。

2）添加粗粒级骨料。用全尾砂制备充填料浆时，由于含有大量的细粒级尾砂，则需要更多的水泥浆吸附在颗粒表面，为了满足强度的要求，必然会增加水泥的耗量，使充填成本提高。建议有条件的矿山，在全尾砂中添加河砂、海砂、棒磨砂等粗粒级骨料配制料浆。当采用泵压输送时，在保证细粒级含量（一般-20μm粒级骨料含量大于20%）的条件下，添加一定比例-30mm的粗粒级碎石。由于料浆粒度分布均匀，骨料加粗，孔隙率减小，可明显提高料浆密度，从而提高充填体的强度，降低水泥的消耗量。

充填材料选择范围的扩大，也解决了部分矿山充填材料不足和井下废石处理等问题。

3）其他添加材料。近几年，研制出一些添加于充填料浆中的特种水泥、吸水剂、高水速凝固化剂等新型材料，为进行不脱水全尾砂充填在技术上提供了可能性。在料浆中添加流动剂、减阻剂等会有效地改善全尾砂的泵送性能，从而提高充填料浆的输送浓度。

(2) 输送工艺。全尾砂胶结充填料浆的输送有自流和泵送两种。高浓度料浆的自流输送在理论上已不同于传统的水砂充填，流体中固体颗粒受惯性力约束影响已很小，而进入似均质非牛顿流范畴，近似于宾汉姆体，可在较低流速下的层流状态运行，甚至短时间在管道内停留也不沉淀；当料浆浓度进一步提高到牙膏状时，其塑性黏度与屈服应力均很大，因此，必须采取泵压输送。

由于自流输送工艺简单，基建投资不大，充填成本适宜，且许多矿山已建有分级尾砂自流充填系统。因此，建议在充填倍线小，选用全尾砂或添加粗骨料粒径在 -5mm 时，优先采用自流输送工艺。

为了提高充填料浆自流输送时的浓度，应增设高速强力活化搅拌环节。充填料浆的活化搅拌是以物理化学和胶体化学的理论为基础，料浆经过高速强力搅拌，颗粒之间的内聚力急剧减小，固相与液相间相互作用形成的聚凝体破坏，而形成胶体，从而可制备出流动性好，浓度高的均质充填料浆。同时，搅拌强化了水泥的水化作用，提高了充填体的强度。在充填倍线较大，充填料浆中含有粗粒级骨料或要求浓度较高时，则应采用泵压输送工艺。

(3) 水泥的添加方式。往充填料中添加水泥是为了满足对充填体强度的要求。添加方式的不同会影响到水泥的用量、强度的变化及工艺的繁简。

1) 根据水泥添加的地点和添加水泥的特点，大致有以下几种方式：地表添加干水泥、地表添加水泥浆、坑内添加干水泥、坑内添加水泥浆（地表制浆）、坑内添加水泥浆（坑内制浆）。

各种方式各有优缺点，在地表添加水泥可省去水泥输送系统和添加装置，但充填结束后需认真清洗管路，而且冲洗水容易流入充填采场。添加干水泥可提高料浆浓度，从而提高充填体的强度，但水泥难以和其他材料充分搅拌和混合。坑内添加水泥浆又降低了充填料浆的浓度。

2）当采用自流输送工艺时，推荐采用地表添加水泥浆的方式。这种方式制浆简单、不需要水泥输送系统，水泥和其他材料混合充分，但在清洗管路时，应防止冲洗水进入充填采场。

当采用泵压输送工艺时，推荐采用坑内添加干水泥的方式。在充填管道出口前30～50m处往管道中添加干水泥，可使进入采场的料浆浓度提高1%～2%，又不至于增加管道输送阻力而提高充填体的强度。每次充填后仅需清洗加水泥后的一段短管，而将充填料存留在长距离的输送管路中，下次充填时可继续泵送，而不至于“凝固”。

全尾砂胶结充填在理论和试验研究方面仍需进一步地探索，朝着改善充填体的质量、降低采矿成本、减少环境污染和生态破坏等方向努力，进一步扩大全尾砂胶结充填技术的应用范围，以便提高企业的经济效益和社会效益。

2.7 选矿厂尾矿土地复垦

土地复垦是指对在生产建设过程中，因挖损、塌陷、压占等造成破坏的土地进行整治，使其恢复到可供利用状态的活动。尾矿复垦是指在尾矿库上复垦或利用尾矿在适宜地点充填造地等与尾矿有关的土地复垦工作。

2.7.1 尾矿复垦特点

尾矿是经过一系列加工的矿岩，不同类型的矿山、不同的选矿工艺所产生的尾矿，其物化性质有很大差别，有的尾矿还有再利用的价值需要回收，且尾矿库多处于山地或凹谷，取土与运土困难，对复垦极为不利；另外，尾矿库由于形成大面积干涸湖床，刮风天气易引起尘土飞扬，污染当地环境。基于尾矿的这些特点，一般尾矿复垦利用初期大多以环保景观为目的，后期根据其最终复垦利用目标改为实业性复垦，或作半永久性复垦（这一情况是考虑经过一段时期后，尾矿还需回收利用），目前我国尾矿复垦现状，大致有以下3种情况：

（1）仍在使用的尾矿库复垦，这类尾矿库的复垦主要是利用在尾矿坝坡面上进行复垦植被，一般是种植芦藤和灌木，而不种植乔木，原因是种植乔木对坝体稳定性不利。如攀枝花钢铁公司某尾矿库，坝体坡面上曾人工覆盖山皮土，以种草为主，并辅之以浅根灌木种藤本植物。

（2）已满或已局部干涸的尾矿库复垦。这种类型是尾矿库复垦利用的重点。如本钢南芬选矿厂老尾矿库于1969年新库建成后停止使用，投资10万元，覆土厚度30cm，造田约18hm^2，复垦后交当地农民耕种。随后将矿各种垃圾筛选发酵后堆放到尾矿库低洼处。种植面积逐年扩大，基本上整个老尾矿库所占用的土地经复垦后都用于耕种。

（3）尾矿砂直接用于复垦。这种类型主要适合于尾矿中不含有毒有害元素的中小矿山，且在矿山周围有适宜的地形。矿山可根据当地地形条件采用灵活多样的复垦模式。

2.7.2　尾矿复垦利用方式

我国尾矿复垦工作主要有如下几种复垦利用方法：

（1）复垦为农业用地。这种复垦方式一般应覆盖表土并加施肥料或前期种植豆科植物来改良尾砂。

（2）复垦为林业用地。大多数尾矿库特别是其坝体坡面覆盖一层山皮土后部可用于种植小灌木、草藤等植物，库内可种植乔、灌木，甚至经济果木林等。复垦造林在创造矿区卫生优美的生态环境方面起了很大作用，并对周围地区的生态环境保护起着良好的作用。

（3）复垦为建筑用地。有些尾矿库的复垦利用必须与城市建设规划相协调。根据其地理位置、环境条件、地质条件等修建不同功能的建筑物，以便收到更好的社会效益、经济效益和环境效益。复垦建筑用地时的地基处理是关键，应根据尾矿特性、地层构造、结构形式等设计相应的基础条件，在结构设计上采取可靠措施，以达到健全、经济、合理的目的。但尾矿库上修筑的建筑物一般以2～4层为宜，不宜超过5层。

（4）尾砂直接用于种植改良土壤。尾矿砂一般具有良好的透水、透气性能，且有些尾砂由于矿岩性质和选矿工艺不同，还含有植物生长所必需的营养元素，特别是微量元素。

2.7.3 尾矿土地复垦的一般过程

尾矿复垦作为一个工程，其工作程序离不开工作计划和工程实施两个阶段。由于土地和生态系统的形成往往是经过较长时间的自组织、自协调过程、复垦工程实施后所形成的新土壤和生态环境，往往也需要一个重新组织和各物种、成分之间相互适应与协调的过程才能达到新的平衡。而复垦工程实施后的有效管理和改良措施可以促使复垦土地的生产能力和新的生态平衡尽早达到目标。所以，复垦工作后的改善与管理工作是必不可少的。因此，根据土地复垦工程的特点，其一般可概括为以下三个阶段：第一阶段为尾矿复垦规划设计阶段；第二阶段为尾矿复垦工程实施阶段，即工程复垦阶段；第三阶段为尾矿工程复垦后改善与管理阶段，即生物复垦阶段。

复垦规划是复垦工作的准备阶段，决定复垦工程的目的以及技术经济是否可行，是后两阶段的依据。复垦工程实施是复垦规划付诸实现的工程阶段，其实质为各种土地整治工程，保质、保量、准确、准时是该阶段的关键，但该阶段的完成仅仅只是完成了复垦工作的60%。美国法律规定，该阶段的完成仅退回60%的复垦保证金。余下40%的复垦工作是由复垦后改善与管理阶段完成，该阶段主要任务是达到复垦最终目标和提高复垦效益，建立良好的植被和生态环境。

尾矿土地复垦规划阶段的目的就是确定复垦土地的利用方向和制定复垦规划，提交土地复垦规划报告和规划图。

尾矿复垦规划的主要任务有以下两个方面：

(1) 尾矿复垦后土地的利用方向。尾矿复垦后土地利用方向的确定是复垦规划的关键。它受到当地的社会、经济、自然条件的制约，一般而言，均应因地制宜选择合适的利用目标，并以获取最大的社会、经济和环境效益为准则。影响复垦土地利用方向的主要因素是当地气候、地形地貌、土壤性质及水文条件、尾矿砂理化特性和需要状况五大因素，其中需要状况主要是指当地土地利用总体规划、市场需要和土地使用者的愿望。对尾矿复垦土地利用方向的选择正是要基于深入分析和调查这些影响因素，并从森林用地、牧草地、农田用地、娱乐用地、建筑用地、水利及水产养殖等土地利用类型中通过多方案对比分析确定最优的方案。

（2）制定尾矿复垦规划。在上述确定的尾矿复垦利用方向的基础上，制定详细的尾矿复垦规则。应使用多目标规划、线性规划、层次分析法、特尔菲法、投入产出效益分析法等进行多种规划方案的技术经济对比，从中优选规划方案。详细的尾矿复垦规划应形成书面报告，并应经过土地管理部门批准。

制定尾矿复垦规划应遵循以下几个基本原则：

1）现场调查及测试的原则。由于尾矿复垦规划不仅需要知道占用的现状，还要根据当地的各种条件确定土地利用方向和进行复垦工程的技术经济分析，因而进行大量细致的土地、气候、水文、市场等情况调查是必需的，并对尾矿理化性质进行测试。

2）因地制宜原则。尾矿复垦土地利用受到周围环境多种条件的制约。因地制宜对尾矿复垦的土地再利用可以起到投资少、见效快的效果。反之，如果不遵循这一原则，如对不适宜复垦为农业用地的地方硬性复垦为农业用地，其结果只能是适得其反。

3）综合治理的原则。综合治理有利于优化组合，产生高效益。如对尾矿库积水区和非积水区的不同，工程上有综合的作用，收益上也有综合的效果，值得认真研究与遵循。

4）服从土地利用总体规划的原则。土地利用总体规划的原则是对一定地域全部土地利用开发、保护、整治进行综合平衡和统筹协调的宏观指导性规划。尾矿复垦规划的实质是土地再利用规划，所以它应是土地利用总体规划的有机组成部分。只有服从于土地利用总体规划才能保证农、林、牧、渔、交通、建设等方面的协调，从而才能恢复或建立一个新的有利于生产、方便生活的生态环境。

5）最佳效益原则。效益是决定一个工程是否启动的主要依据，也是衡量工程优劣的标准。尾矿复垦不仅仅是恢复土地的利用价值，还要恢复生态环境，所以社会效益和生态效益也是十分重要的。因此，尾矿复垦所期望达到的最佳效益是经济、社会和生态效益的统一。

6）把尾矿复垦纳入矿山开发和采选计划的原则。尾矿土地占用与矿山选矿生产紧密相关。尾矿常可用来充填低洼的劣质土地，与采选计划的结合可以在基本不增加排尾费用的情况下稍加改变排尾系统来完成，特别是中小矿山效益可观。所以，尾矿复垦规划应与矿山开发和采选计划一致。

7）动态规划原则。采选生产是一个动态的过程，尾矿的产生也是动态的，采选生产的变动情况又直接影响到尾矿复垦工作，所以尾矿复垦规划应与矿山生产的动态发展相适应。此外，尾矿复垦工程又会因工程过程中心发现的地质、水文、土壤、施工等情况需要调整原复垦规划。

2.7.4 尾矿复垦的基本要求

尾矿复垦应满足以下几条要求：

（1）保质保量原则。质量是工程成功的关键，复垦工程必须保质、保量按复垦规划进行才可有效地达到复垦目标。

（2）按时完成原则。时间就是效益，由于复垦农田的季节性强，因而复垦工程的时间性就显得更为重要。

（3）符合土地利用方向具体要求的原则。每一种土地利用方向都有相应的特点要求，对于恢复为农田的土地，应尽量避免压实，这就要求减少机械设备在复垦土地上的时间和往返次数。并注意在土壤较干时进行平整和修整措施。而对于复垦土地用作建房时，则应采取压实措施，使土地达到承载设计楼房强度的要求，挖掘鱼塘则应满足鱼塘边坡和深度等要求。

2.7.5 尾矿工程复垦技术

尾矿工程复垦的任务是建立有利于植物生长的表层和生根层，或为今后利用尾矿复垦的土地（包括水面）做好前期准备工作。主要工业措施有堆置和处理表土和耕层、充填低洼地、建造人工水体、修建排水工程、地基处理与建设用地的前期准备工作等。适合我国的具体尾矿工程复垦技术主要有以下几种：

（1）尾矿库分期分段尾矿模式。此种模式适用于尾矿量大、服务年限长的尾矿库，要根据尾矿库干坡段进展情况分期分段采用覆土或不覆土复垦方式，然后进行种植。该种复垦模式在迁安首钢矿山公司、大石河矿区尾矿库已分段在尾矿库干坡段种植了紫穗槐和沙棘等，起到固沙固氮、绿化环境、加速熟化、减少污染的作用。经过种植也增加了尾矿砂的有机质含量。

(2) 尾矿充填低洼地或冲沟复垦模式。这种复垦模式适用于选矿厂附近有冲沟、山谷或低洼地。这种尾矿库坝短，工程量小，基建费用低。尾矿充填顺序是先充填山谷的地势高处、再充填低处，便于分区复垦，尾矿充满干涸后经推土机平整，在上部覆土或不覆土即可种植农作物。

(3) 围池尾矿复垦模式。该复垦模式适应于在矿山附近有大面积滩涂或荒地的选矿厂。

尾矿工程程序主要包括：

1) 将选择的滩涂地坝区划分成方形池，便于顺序排尾、顺序复垦。

2) 围埝，埝高3m左右，埝顶宽1～5m，边坡1∶1，坝内底平面形成向溢流管倾斜的3%～5%坡度。

3) 坡内一侧设溢流口，溢流管顶口低于埝顶0.1～0.2m左右。

4) 尾矿向池内流入充填，清水溢流池外排入田间或河流，溢流管每隔0.3～0.5m左右开一排孔以减少溢水积存深度。溢流管每隔20m左右设一排尾矿管，一池排尾矿，排满后，干燥，再平整，在上部覆土或不覆土，即可种植农作物，然后尾矿管转排相邻另一池，重复上述作业。

(4) 尾矿改良土壤模式。该模式适合于无毒无害的尾矿，并且在选矿附近有大量的含黏土土壤的土地。

该模式的主要工艺是：在选矿厂附近建双尾矿池，周围墙高3m左右，墙厚上部1～1.5m、坡度1∶1，坝内底部平面坡度3%～5%，划设渗水墙（可以用废石堆砌）或设溢流管，以滤出清水，供选矿厂回水使用或排入河流。一个尾矿池排满后排另一个尾矿池，前者排满的尾矿经滤水晒干后供农民用车拉走，沤肥垫地，改良板结土壤。以上工序依次交替进行。

2.7.6 尾矿复垦实例

2.7.6.1 山东省莱州市仓上金矿尾矿复垦

山东省莱州市仓上金矿是我国大型露天开采金矿企业。由于矿床埋藏浅，矿体厚度大，采用露天开采。仓上金矿建于1984年，生产规模1900t/d。至2004年底，产生了大量的尾矿，堆存于仓上村北渤海之滨的仓上尾矿库，存放量近600万m^3，总占地面积60hm^2，尾矿库寸草不生，遇风尘土飞扬，对区内生态环境造成严重破坏，影响了城市的发展和开发建设。以往采取的尾矿库顶部压覆碎石、上部覆土的办法防止尾矿库扬沙、扬尘，但由于没有很好地恢复植被，在降雨、流水冲刷作用下，压覆层侵蚀严重，失去效果，生态环境并没有从根本上得到恢复。因此尾矿库治理的关键不仅要保持砂和压覆层的稳定，更关键的是要进行植被恢复。此后的生态环境恢复治理将结合该库的地理环境、地质条件及物质来源，利用露天采矿的毛石和黏土进行压盖覆土，回填可供植被生长的种植土，选择适于当地生存环境的草木，采取有效的技术手段，进行全面的植被恢复和环境治理。

根据试验确定的稳定坡角进行放坡，利用较大碎石将其表面进行压盖，确保在自然状态下尾砂不发生飞扬和流失。在此基础上覆土(耕植层)。然后根据区内的自然环境条件和尾矿库的不同位置选择不同的林木进行培育种植，恢复其生态功能和保护环境的作用。

(1) 平台植被复垦模式：在平台的边缘即坡肩部分修筑高1m、宽2.5~3m的挡水墙，在两边栽植旱柳、杨树等，挡水墙既可挡水又可作道路使用。在平台的里边即坡底挖宽深各1m的排水沟，沟内加水泥预制槽。在其两边栽植刺槐或杨树等。中心平台压土不低于1m厚覆盖，复垦为林地，配置模式见图2-1。

(2) 斜坡植被配置模式：根据环境保护、水土保持、帮坡稳定要求，斜坡的利用方向是永久性林草园地。斜坡上的植被配置模式采用乔木+灌木+草本，斜坡配置模式见图2-2。斜坡角度较大、稳定性较差的，自上而下进行网格状混凝土灌注，固定边坡。

(3) 草坪植生带铺种：根据工程的施工特点，植生带铺种除按正常工艺流程操作外，还需做如下技术处理：1) 翻土机翻土。为保

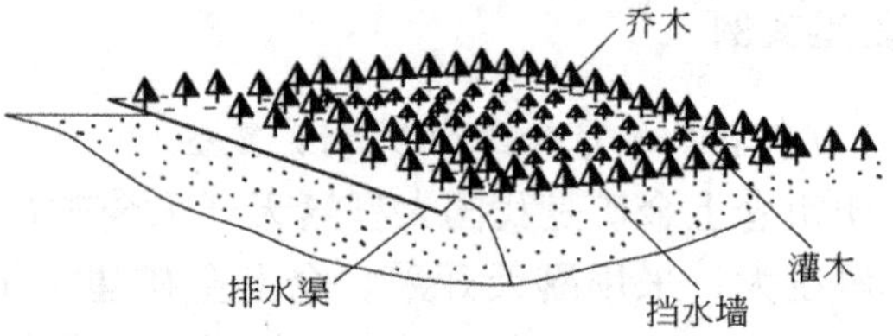

图 2-1　平台植被培植示意图

图 2-2　斜坡植被培植模式示意图

证质量和工期，利用动力翻土机进行 20cm 的翻土，土质、土层密实度均匀，从而减轻劳动强度，提高劳动效率，达到保质按期完工的目的。另外，在翻土前施基肥以利草坪正常生长。2）碾压平整。按设计要求进行地形整理后，为保证地表的平整，采用草坪碾压机进行碾压，以便提高植生带与地表的密实结合度和成坪后的整体效果。3）覆土及覆盖。草坪铺设后，上覆过筛后的种植土 1cm，在上加盖草帘进行覆盖，然后进行浇水管理。

经过一年多的综合治理，以前尘土飞扬的仓上金矿尾矿库堆变得碧草青青，花香蝶飞。山东黄金集团在此开发莱州黄金海岸旅游度假区，把治理好的尾矿库设计成为临海山体景观。尾矿库生态环境的治理，变废为利，优化和改善了滨海生态环境，促进了地方经济发展。

2.7.6.2　首钢矿业公司尾矿复垦

首钢矿业公司地处迁安市西北，有两座大型尾矿库，每年有近 800 万 t 尾矿砂排入尾矿床，尾矿坝面逐年增大，而且逐年加大干燥的尾砂裸露，在干旱季节将造成二次扬尘，污染环境。

尾矿砂外观呈黑灰色，透水、透气性能好，渗透速度快，保水、保肥能力差，其营养成分含量很低，pH 值在 9 左右。根据当地气候条件及尾矿属含泥量较大，氮、磷、钾含量低，偏酸性砂性贫瘠土壤的特点，另外沙棘、紫穗槐、桑树等树种有喜光抗寒、耐风沙，耐水湿和盐碱，也耐干旱、瘠薄，生长较快，根系发达，有根瘤菌，枯枝落叶量大的特点，是干旱风沙地区造林与固沙的先锋树种，它还可以改良土壤，加速熟化土壤。因此，在尾矿库直接栽植沙棘等是完全可行的，故确定不覆土直接栽植的复垦模式。

1997 年 3 月至 1998 年 4 月，种植面积 $80hm^2$，根据环境治理的要求，林种确定为沙棘，树种为紫穗槐、桑树。为尽快发挥绿化效果，达到改善环境，防止二次扬尘的目的，采取初期密度为高密度的造林方式。由于尾矿坝高差较大，坡度较陡，为提高保水能力，便于管理，先沿尾矿坝坝体等高线用推土机推成 10 ~ 15m 的平台，然后再进行整地种植。尾矿坝平台及尾矿库库内平台采用穴状整地，按照株行距 1m × 1m 挖植树坑，坑规格 30cm × 30cm；平台与平台之间的斜坡用鱼鳞坑，坑规格 50cm × 30cm，品字形排列，行距 2m、株距 1m。初期密度为：在尾矿坝平台 9990 株/hm^2，尾矿坝斜坡面 4995 株/hm^2。

沙棘、紫穗槐、桑树条状混交，即一行沙棘，一行紫穗槐，一行桑树，造林方式为植苗造林，每穴两株，为提高造林的成活率，采用植苗加直播的方法，即植苗穴内植一年生小苗两株，同时在植穴旁的 30 ~ 50cm 处直播相同树种的种子 10 ~ 15 粒，并覆土 2 ~ 3cm。栽植当天浇足水，然后隔一周浇水一次，共浇水 3 次，常规管理。

1997 年栽植的苗木，一周后部分苗木开始发芽，大约二周后有 50% 的苗木发芽，其余树枝枯死。枯死苗木以桑树最多，其次是紫穗槐，而沙棘有 85% 的发芽。经对枯死苗木挖出观察分析，发现大部分苗木虽然地上部分枯死，但根系生长正常。紫穗槐和桑树这种现象比较普遍。6 月初随气温升高，降雨增多，大部分枯死的苗木开始发芽，只有少量的苗木枯死。从苗木成活情况看，凡栽植深度在 20cm 以下的，成活率很高，栽植深度在 20cm 以上的，大部分死亡。在植树穴直播的种子，在雨季大部分发芽长出小苗，但因外界条件恶劣，生长不良，越冬困难。苗木成活后，生长基本正常，特别是沙棘生长良好，而桑树、紫穗槐因气温高、土地干旱、空气湿度小，苗木出现灼伤现象，部分叶片枯死。但随雨季的到来，苗木又长出新芽。从3个不同品种苗木的生长情况看，沙棘最好，紫穗槐次之，桑树生长较差，其表现为叶片发黄，长势缓慢。分析原因是，由于尾矿砂的肥力极低，特别是氮的含量为零，且土壤干旱。而沙棘和紫穗槐都是耐干旱、瘠薄的树种，并且有根瘤菌，有较强的固氮能力，特别是沙棘的这一特性更为明显，因此生长良好。而桑树虽也耐干旱、瘠薄，但没有固氮能力，因此生长较差。另外，沙棘除有较强的生命力外，其强大的根系具有较强的根，所以树木生长快。

尾矿库种植树木后，全部覆盖了尾矿砂，沙漠变绿洲，基本抑制了二次扬尘，减少了因风沙造成的水土流失，改善了生态环境。在尾矿库上直接种植树木，减少了覆土的大量费用。同时也避免了因取土而造成新的生态破坏，与国家下达的治理投资比较，可节约覆土资金1000多万元。另外，沙棘果可食，还可做糕点、果酱、酿酒、酿醋、饮料等；种子可入药和榨油，含油量16%，果还可提取烤胶，嫩枝可做饲料，并可提取黑色染料，木材坚硬，可做各种工艺品，根有大量根瘤菌固氮，大量的枯枝落叶，可改良土壤。其环境、经济及社会效益显著。

2.7.6.3　*唐山马兰庄铁矿尾矿复垦实践*

马兰庄铁矿位于河北省迁安市滦河边，1970年建矿。由于当时资金紧张，尾矿库一时建不起来，为了不影响投产，又不致造成环境污染，经水利部门协商，该矿采取了临时措施，在滦河西岸的大片荒滩上，用鹅卵石围成了3个简易尾矿池，解决了尾矿排放问题。当其中一个尾矿池排满后，当地农民平整后（18亩）种植了花生，并获得了丰收，从而推动了该矿的尾矿复垦工作。累计共利用尾矿复垦土地$35hm^2$。

使用推土机推鹅卵石、河沙堆坝，坝高3～4m，池形为矩形，面积为$26000 \sim 34000m^2$，坝顶标高一致，使复垦的土地大致平坦。沿坝边沿每隔0.5m高的溢流管上开孔，共设6～8层，溢流孔不宜过高，以减少渗水的积水深度，溢流管的埋设应依地势而定，选在地势较低的一边，以利于尾矿浆水的汇积和排出。尾矿冲击坡度约为

3% ~5%，每 20m 敷设一排尾矿管。尾矿在池内经过自然沉淀后清水通过溢流管排往池外，经排水沟流入滦河，排出的清水符合国家卫生标准。

尾矿池冲填满后，水分经过 10 天左右时间蒸发和渗漏变得枯干，然后用推土机进行整平，使坡度小于 0.5%，然后敷设一层厚度为 25 ~30cm 的亚黏土（山皮土），每亩约 160 ~200m^3。

通过对本地区农作物资源调查分析，按下列原则选择农作物：

(1) 由于复垦土地较贫瘠，不宜选择深根型植物和对土壤要求过高的植物，应以耐干旱、耐贫瘠及适应性强及浅根型植物为宜。

(2) 考虑今后在矿区有推广的可能，选择短期内有收益的农作物及果木。

(3) 复垦土壤的改良是评价复垦成功与否的重要标志，由此要挑选能改良复垦区土壤和培育肥力的物种。

依据上述原则及以往的种植经验，选择大豆、白薯、花生、玉米、葡萄、桃进行种植试验分析。

种植的关键是田间管理，针对复垦土地沙多、太阳辐射强、水分蒸发快的特点，适时地进行浇水、施肥。在病虫严重的季节，定期观测及时喷药灭虫。种植试验选择的农作物有小麦、水稻、花生、大豆、白薯、玉米等。

果木种植：1）桃树，桃树挖坑种植，在平整的尾矿复垦的土地里挖坑 50cm×50cm×50cm 的坑，填 20 ~30cm 的山皮土，加适量农家肥，种植并浇透水。行距为 5.0m，株距为 1.2 ~1.5m，平均每公顷 1275 ~1350 棵，桃树成活率为 100%。桃树的管理每年 3 月中旬在树旁挖坑施肥，每公顷施优质农家肥 22500 ~30000kg、尿素 750kg。及时浇水，注意防治病虫害。2）苹果，苹果树苗的种植方式和桃树相同，行距 10m，株距 6 ~7m，每公顷 1200 ~1800 棵。苹果的管理是每年初春在树旁挖坑施肥，每公顷放碳胺 1500kg、尿素 375kg，6 月份再施钾肥，每公顷 300 ~450kg，二胺 150 ~300kg，及时浇水，注意防治病虫害。3）葡萄种植方式和桃树相同，行距 6.0m，株距 3.0 ~4.0m，每公顷 3750 ~4500 棵，葡萄树成活率为 100%。

尾矿复垦的土地土壤中有毒有害元素的含量低于农作物生长受阻

含量标准。镉、铅的含量和当地土壤基本相同，铬、汞、砷、硫化物的含量略高于当地土壤，氟化物则低于当地土壤。通过水质分析表明，尾矿水各有害元素含量均未超过国家农田用水水质标准。只要澄清排放，并不会对环境造成污染。

2.7.6.4 狮子山铜矿尾矿复垦实践

狮子山铜矿杨山冲尾矿库属山谷型尾矿库，1966 年建成使用，设计库容 747 万 m^3，库区汇水面积 0.54km^2，库区面积 22hm^2。库区东北部约数万平方米的地带严重地被污染，地表呈现明显的黑色。该区地表重金属含量砷（As）高达 8000mg/kg，镉（Cd）29.9mg/kg，铅（Pb）537mg/kg，铬（Cr）24.4mg/kg 等等。污染区地表氰化物含量高达 25mg/kg。另外，库区原有水域也严重污染。水域水 pH 值超标高达 10，总盐量高达 1.04g/L，水中氰化物严重超标，高达 7.28 mg/L。库区扬尘污染严重，影响当地下游社区环境和居民生活。

为了既保护便于二次资源的再利用，又要防治污染，1997 年由北京矿冶研究总院对该尾矿库进行了不覆土建立植被的研究工作。

（1）盆栽试验结果：从 5 个抗耐品种中筛选出 3 个适应品种；从 8 个二元、三元、多元品种匹配试验中筛选出 3 个最佳匹配品种；筛选出熟化剂 2 种及其适宜配比和投加量；从 15 个种植密度试验中筛选出 4 组适宜种植密度条件。

（2）小区试验结果：依据盆栽试验结果，1998 年秋季进行了无土小区种植试验，共设置 87 个小区。依据库区所在的土地条件，已从 10 个品种三个匹配品种中筛选出抗旱、耐贫瘠、耐寒的适生品种，3 个单一品种和一个双匹配品种以及一个适生三匹配品种。试验区试验结果表明，最佳种植条件下的植被地表覆盖率高，根系发育，根深已达 20cm 之下、最深者达 24cm 之深；可明显观察到植被已有效地控制了冬春季尾砂的严重风蚀和夏天雨季的水土流失。

（3）田间扩大实验结果：1999 年进行了无土田间扩大种植试验，试验区长势良好，成活率大于 60%，有的单元覆盖率达到 80% 以上，已筛选出适合当地气候条件和尾矿特性的最佳种植条件。复垦区植被草类根系发育好，已形成根系网络结构，两季草根系控制直径达 1m 以上。部分豆科草已开花结籽，自行繁育，扩大覆盖尾砂区，有效地防止了尾砂粉尘污染，具有显著的生态环境效益。

2.7.7 生物复垦

2.7.7.1 生物复垦的概念及任务

生物复垦是采取生物等技术措施恢复土壤肥力和生物生产能力，建立稳定植被层的活动，它是农林用地复垦的第三阶段工作。尾矿复垦，除作为房屋建筑、娱乐场所、工业设施等建设用地外，对用于农、林、牧、渔、绿化等复垦土地，在工程复垦工作结束后，还必须进行生物复垦，以建立生产力高、稳定性好、具有较好经济和生态效益的植被。狭义的生物复垦是利用生物方法恢复用于农、林、牧、绿化复垦土地的土壤肥力并建立植被。广义的生物复垦包括恢复复垦土地生产力、对复垦土地进行高效利用的一切生物和工程措施。生物复垦主要内容包括土壤改良与培肥方法等。工程复垦后用于农林用地的复垦土壤一般具有以下特点：

(1) 尾矿复垦的土地一般土壤有机质、氮、磷、钾等主要营养成分含量均较低，属贫瘠地土壤。

(2) 复垦土壤的热量主要来自太阳辐射及矿物化学反应和微生物分解有机物放出的热量，其土壤热容量较小，温度变化快、辐射度大，不易作物出苗和生长，当复垦土地含硫较多时，可被空气氧化提高地温。

(3) 尾矿复垦土壤内动植物残体、土壤生物、微生物含量几乎没有，土壤自然熟化能力较差，工程复垦后的土地，可供植物吸收的营养物质含量较少，复垦土壤的孔性、结构性、可耕性及保肥保水性均较差，土壤的三大肥力因素水、气、热条件也较差。因此，生物复垦的主要任务与核心工作是改良和培肥土壤，提高复垦土地土壤肥力。

土壤肥力是指土壤为植物生长供应及协调营养条件和环境条件的能力，包括水分、养分、空气和温度四大肥力因素。植物健康生长不仅要求这四大肥力因素同时具备，而且诸因素之间必须处于高度的协调状态。肥沃的土壤应具备下列特征：土壤熟土层厚、地面平整、温暖潮湿、通气性好、保水蓄水性能高、抗御旱涝能力强、养分供应充足，适种作物范围广、适当管理可以获得高产。

土壤改良和培肥，不是简单地增加土壤中有机质和营养物质含量，而是针对复垦土壤对植物的所有限制因素，全面改善水、肥、气、热条件及相互间关系。主要生物复垦技术措施有：

（1）种植绿肥增加土壤有机质和氮、磷、钾含量，并疏松土壤；

（2）对地温过高和不易种植的复垦土壤覆盖表土；

（3）初期多施有机肥和农家肥，加速土壤有机质积累，针对复垦土壤缺乏的养分实行均衡施肥；

（4）利用菌肥或微生物活化药剂加速土壤微生物繁殖、发育，快速熟化土壤；

（5）加强耕作、倒茬管理，加速土壤熟化和增加土壤肥力。如初期种植能增加土壤肥力的豆科植物及可以忍受严酷环境的先锋植物等。

2.7.7.2　尾矿生物复垦技术

（1）绿肥法。凡是以植物的绿色部分当作肥料的称为绿肥。作为肥料利用而栽培的作物，叫做绿肥作物。翻压绿肥的措施叫“压青”。种植绿肥是改良复垦土壤、增加土壤有机质和氨、磷、钾等多种营养成分的最有效方法之一，绿肥的主要改良作用有：

1）增加土壤养分。绿肥作物多为豆科植物，含有丰富的有机质和氮、磷、钾等营养元素，其中有机质约占15%左右，氮（N）0.3%～0.6%，磷（P_2O_5）0.1%～0.2%，钾（K_2O）0.3%～0.5%。

绿肥作物生长力旺，在自然条件差、较贫瘠的土地上都能很好生长。在复垦区种植绿肥作物，成熟后将其翻入土壤，增加土壤养分。

2）改善土壤理化性状。种植绿肥作物可以提供土壤有机质和有效养分数量。绿肥在土壤微生物作用下，除释放大量养分外，还可以合成一定数量的腐殖质，改良土壤性状有明显作用。

豆科绿肥作物的根系发达，主根入土较深，一般根长2～3m，能吸收深层土壤中的养分，待绿肥作物翻压后，可使耕层的土壤养分丰富起来，为后茬作物所吸收。绿肥作物的根系还有较强的穿透能力，绿肥腐烂后，有胶结和团聚土粒的作用，从而改善土壤理化性状。绿肥还对改良红黄土壤、盐碱土具有显著的效果。不少绿肥作物耐酸耐盐、抗逆性强，随着栽培和生长，土壤得到了改良。

3）覆盖地面，固沙护坡，防止水土流失。绿肥作物有茂盛的茎叶，覆盖地面可减少水、土、肥的流失，尤其在复垦土地边坡种植绿肥作物，由于茎叶的覆盖和强大的根系作用，减少了雨水对地表的侵蚀和冲刷，增强了固土护坡作用，减弱或防止水土流失。种植绿肥作物，还有抑制杂草生长的作用，避免水分、有效养分的消耗。

（2）微生物法。微生物是利用菌肥或微生物活化药剂改善土壤和作物的生长营养条件，它能迅速熟化土壤、固定空气中的氮素、参与养分的转化、促进作物对养分的吸收、分泌激素刺激作物根系发育、抑制有害微生物的活动等。微生物法的实施途径主要有以下三种：

1）菌肥改良土壤。菌肥是人们利用土壤中有益微生物制成的生物性肥料，包括细菌肥料和抗生菌肥料。菌肥是一种辅助性肥料，它本身并不含有植物所需要的营养元素，而是通过菌肥中微生物的生命活动，改善作物的营养条件，如固定空气中的氮素；参与养分的转化，促进作物对养分的吸收；分泌激素刺激作物根系发育；抑制有害微生物的活动等等。因此，菌肥不能单施，要与化肥和有机肥配合施用，这样才能充分发挥其增产效能。

2）微生物快速改良法（即微生物复垦）。微生物快速改良方法（微生物复垦）是利用微生物活化药剂将尾矿复垦土地快速形成耕质土壤的新的生物改良方法。匈牙利在20世纪70年代后期研制成功了生物快速改良方法，取得了BRP（生物复田工艺）专利之后，成功地应用于匈牙利马特劳山露天矿及美国、巴西等地，在复垦土地上栽培了约50多类100种农作物，长势良好。

3）施肥法。施肥法改良土壤主要以增施有机肥料来提高土壤的有机质与肥分含量，改良土壤结构和理化性状，提高土壤肥力，它既可改良砂土，也可改良黏土，这是改良土壤质地最有效最简便的方法。因为有机质的黏结力和黏着力比砂粒强、比黏粒弱，可以克服沙土过沙，黏土过黏的缺点。有机质还可以使土壤形成结构，使主体疏松，增加砂土的保肥性。各地农民群众历来有沙土地施土粪和炕土肥，黏土地施炉灰渣和砂土粪等经验。中国科学院南京土壤研究所在江苏铜山县孟庄大队的沙土上，采用秸秆还田（主要是稻草还田），翻压绿肥，施用麦糠或麦粮和绿肥混施，都能改善板结，使其迅速发酵变软。其中稻草、大麦草等禾本科植物含难分解的纤维素较多，在土壤中可遗留下较多的有机质，而豆科绿肥含氮素较多，而且植株较嫩，易于分解，残留给土壤的有机质较少，因此，从改良质地的角度来看，禾本科植物比豆科的效果好。

精耕细作结合增施有机肥料，是我国目前大多数地区创造良好土壤结构的主要方法。在耕作方面，我国农民有秋耕、冬耕冻、伏耕晒以及根据季节和土壤水分状况进行适时耙、锄地，以改善土壤的结构状况。在耕层浅的土壤上采用深耕，加深耕层，结合施用有机肥料，加速土壤熟化，充分发挥腐殖质的胶结作用。我国各地的高产肥沃土壤也都是通过这种措施来创造优良结构的。

另外，据科学与工业研究中心（CSIR）称，南非全国产生的废料总量高达 3.7 亿 t/a 左右，采矿业占绝大部分。1995 年矿山尾矿总计 2464 亿 t。煤矸石 4040 万 t，冶金渣 740 万 t。南非弗雷泽亚历山大公司尾矿部专门负责尾矿堆积设施的设计和管理、尾矿的再采、再选和再堆积，以及尾矿坝的修复和封闭。该部承担处理了南非黄金工业尾矿或矿泥的 65% 左右，经过多年努力研究，取得了很大进展。Yang Z Y 等研究了在 Pb/Zn 尾砂上种植田薯类植物的可能性，发现大约 90% 的种子在高浓度的 Pb、Zn、Cu 和 Cd 的尾砂中能发芽，在尾矿坝上能完成四个月的生命期。

2.7.8　生态农业复垦技术

生态农业复垦是根据生态学和生态经济学原理，应用土地复垦技术和生态工程技术，对尾矿复垦土地进行整治和利用。生态农业复垦不是单一用途的复垦，而是农、林、牧、副、渔、加工等多业联合复垦，并且是相互协调、相互促进、全面发展的。它是对现有复垦技术，按照生态学原理进行的组合与装配。利用生物共生关系，通过合理配置农业植物、动物、微生物、进行立体种植、养殖业复垦。依据能量多级利用与物质循环再生原理，循环利用生产中的农业废物，使农业有机物废物资源化，增加产品输出。充分利用现代科学技术，注重合理规划，以实现经济、社会和生态效益的统一。

对尾矿土地复垦进行生态农业复垦后，就会形成生态农业系统，它是具有生命的复杂系统，包括人类在内，系统中的生物成员与环境具有内在的和谐性。人既是系统中的消费者，又是生态系统的精心管理者。人类的经济活动直接制约着资源利用、环境保护和社会经济的发展。因此，人类经营的生态农业着眼于系统各组成成分的相互协调和系统内部的最适化，着眼于系统具有最大的稳定性和以最少的人工投入取得最大的生态、经济、社会综合效益，而这一目标和指导思想是以生态学、生态经济学原理为理论基础建立起来的。主要理论依据包括以下几个方面：

(1) 生态位原理。生态位是指生物种群所要求的全部生活条件，包括生物和非生物两部分，由空间生态位、时间生态位、营养生态位等组成。生态位和种群一一对应。在达到演替顶级的自然生态系统中，全部的生态位都被各个种群所占据。时间、空间、物质、能量均被充分利用。因此，生态农业复垦可以根据生态位原理，充分利用空间、时间及一切资源，不仅提高了农业生产的经济效益，也减少了生产对环境的污染。

(2) 生物与环境的协同进化原理。生态系统中的生物不是孤立存在的，而是与其环境紧密联系，相互作用，共存于统一体中。生物与环境之间存在着复杂的物质、能量交换关系。一方面，生物为了生存与繁衍，必须经常从环境中摄取物质与能量，如空气、水、光、热及营养物质等。另一方面，在生物生存、繁育和活动过程中，也不断地通过释放、排泄及残体归还给环境，使环境得到补充。环境影响生物，生物也影响环境，而受生物影响得到改变的环境反过来又影响生物，使两者处于不断地相互作用、协同进行的过程。就这种关系而言，生物既是环境的占有者，同时又是自身所在环境的组成部分，作为占有者，生物不断地利用环境资源，改造环境；而另一方面作为环境成员，则又经常对环境资源进行补偿，能够保持一定范围的物质贮备，以保证生物再生。生态农业复垦遵循这一原理，因地、因时制宜，合理布局与规划，合理轮作倒茬，种养结合。违背这一原理，就会导致环境质量的下降，甚至使资源枯竭。

（3）生物之间链索式的相互制约原理。生态系统中同时存在着许多种生物，它们之间通过食物营养关系相互依存、相互制约。例如绿色植物是草食性动物的食物，草食性动物又是肉食性动物的食物，通过捕食与被捕食关系构成食物链，多条食物链相互连接。构成复杂的食物网，由于它们相互连接，其中任何一个链节的变化，都会影响到相邻链节的改变，甚至使整体食物网改变。

在生物之间的这种食物链索关系中包含着严格的量比关系，处于相邻两个链节的生物，无论个体数目、生物量或能量均有一定比例。通常是前一营养级生物能量转换成后一营养级的生物能量，大约为10∶1。生态农业复垦遵循这一原理巧接食物链，合理规划和选择复垦途径，以挖掘资源潜力。任意打乱它们的关系，将会使生态平衡遭到破坏。

（4）能量多级利用与物质循环再生原理。生态系统中的食物链，既是一条能量转换链，也是一条物质传递链，从经济上看还是一条价值增值链。根据能量物质在逐级转换传递过程中存在的10∶1的关系，则食物链越短，结构越简单，它的净生产量就越高。但在受人类调节控制的农业生态系统中，由于人类对生物和环境的调控及对产品的期望不同，必然有着不同的表现，并产生不同的效果。例如对秸秆的利用，不经过处理直接返回土壤，须经过长时间的发酵分解，方能发挥肥效，参与再循环。但如果经过精化或氨化过程使之成为家畜喜食饲料，饲养家畜增加畜产品产出，利用家畜排泄培养食用菌，生产食用菌后的残菌床又用于繁殖蚯蚓，最后将蚯蚓利用后的残余物返回农田作肥料，使食物链中未能参与有效转化的部分能得到利用、转化，从而使能量转化效率大大提高。因此，人类根据生态学原理合理设计食物链，多层分级利用，可以使有机废物资源化，使光合产物实现再生增值，发挥减污补肥的作用。

（5）结构稳定性与功能协调性原理。在自然生态系统中，生物与环境经过长期的相互作用，在生物与生物、生物与环境之间，建立了相对稳定的结构，具有相应的功能。农业生态系统的生物组分是人类按照生产目的而精心安排的，受到人类的调节与控制。生态农业要提供优质高产的农产品，同时创造一个良好的再生产条件与生活环境，必须建立一个稳定的生态系统结构，才能保证功能的正常运行。为此，要遵循以下三条原则：第一，发挥生物共生优势原则，如立体种植、立体养殖等，都可在生产上和经济上起到互补作用；第二，利用生物相克趋利避害的原则，如白僵菌防治措施等；第三，生物相生相养原则，如利用豆科植物的根瘤菌固氮、养地和改良土壤结构等。许多种生物由于对某一、二个环境条件的相近要求，使它们生活在一起。例如森林中不同层次的植物（乔木，灌木，草本）以及依靠这些植物为生的草食性动物，它们虽没有直接相生相克的关系，但对于共同形成的小气候或化学环境则有相互依存的联系。这种生物与生物、生物与环境之间相互协调组合并保持一定比例关系而建成的稳定性结构，有利于系统整体功能的充分发挥。

（6）生态效益与经济效益统一的原理。生态农业是人类的一种经济活动，生态农业复垦也不例外，其目的是为了增加产出和增加经济收入。在生态经济系统中，经济效益与生态效益的关系是多重的。既有同步关系，又有背离关系，也有同步与背离相互结合的复杂关系。在生态农业复垦中，为了在获取高生态效益的同时，求得高经济效益，必须遵循如下原则：一是资源合理配置原则。应充分合理地利用国土，这是生态农业复垦的一项重要任务；二是劳动资源充分利用原则。在农业生产劳动力大量过剩的情况下，一部分农民同土地分离，从事农产品加工及农村服务业；三是经济结构合理化原则。既要符合生态要求，又要适合经济发展与消费的需要；四是专业化、社会化原则。生态农业复垦只有突破了自然经济的束缚，才有可能向专业化、商品化过渡。在遵守生态原则的同时，积极引导农业生产接受市场机制的调节。

2.7.9 尾矿生态农业复垦实例

2.7.9.1 包官营铁矿的生态农业复垦

包官营铁矿地处冀东铁矿基地迁安市夏官营镇，该区土壤类型以褐土性土、中层淋溶褐土为主。褐土性土是低山丘陵的残坡积风化物上发育的土壤，表层有不同程度的侵蚀现象，伴有中、强淘蚀。中层淋溶褐土土层较厚，一般在30～80cm之间，为洪积堆积物。该区植被有人工落叶阔叶林，如杨树、柳树、榆树、槐树等；经济林有苹果树、梨树等；灌木有酸枣、荆条等；农作物有玉米、高粱、甘薯、花生、水稻等，草本植被和农田杂草有白草等。

包官营村总占地269.33hm²，其中耕地180hm²，荒山88.33hm²。包官营铁矿是村办矿，始建于1985年。铁选厂年处理矿石5万t，1994年扩建规模20万t/a(精粉7万t/a)，铁矿工业储量达500万t，设计圈定矿量430万t，现保有可采储量80万t。

包官营村利用矿山排出的剥岩废石和尾矿填沟造田30hm²，利用办矿积累的资金改良荒山66.6hm²，并大力发展运输、加工和种植、养殖业。

截至2000年底包官营矿利用废石及尾矿分别复垦土地16.67hm²和13.33hm²；利用矿山利润修建了66.67hm²果园、养鸡场和养猪场，利用尾矿库修建了鱼塘。

根据适宜性分析，该区域土地资源利用方式为宜农、宜林或宜渔，适于开发农、林、渔相结合的综合农业。为将养殖场建成物质、能量多级、多层次循环利用，生态效率高的人工生态系统，在进行生态设计时就注意到使其结构完善。该系统包括以下部分：

种植业子系统（初级生产者子系统）：包括包官营铁矿排土场复垦土地16.67hm²（地块Ⅰ），种植大豆（6.07hm²）、花生（9.37hm²）、高粱（0.37hm²）、白薯（0.86hm²）；包官营铁矿尾矿库复垦土地（地块Ⅱ），全部种植水稻（13.3hm²）；千亩果园树下种植花生（10hm²）、大豆（16.8hm²）、白薯（6.5hm²）。

饲养业子系统（初级消费者子系统）。包括一个大型肉鸡养殖场，有鸡棚7座，一批可养鸡30000只，约45～50天长成，年产肉鸡15万只左右；一个养猪场，一次存栏300头，年产生猪750头左右。

渔业子系统（初级和次级消费者子系统）。水面面积1.8hm²，水深3m，实行立体养殖。上层放养以浮游生物为主要食物的白鲢、花鲢；中下层放养以植物为主要食物的草鱼；在水域底层放养鲫鱼和鲤鱼。不同层的鱼有各自的生态位，取食各有分工，达到了生态系统的高效能。一次放鱼苗100000多尾，年产鲜鱼54000kg左右。

种植业子系统有机能投比为0.66，低于全国0.77的平均水平。这种投能结构反映了无机能投偏高，原因在于化肥能投高（占无机能的84%），说明种植业子系统产量在一定程度上依赖于化肥。这在同时进行猪、鸡饲养的养殖场内，有机肥来源丰富的情况下是不正常的，其原因是养殖场处于运行初期，尚未进入常规轨道。种植业子系统的光能利用率为0.28%，虽然低于当地0.5%的平均水平，但在复垦农田土壤肥力远低于当地条件的情况下，效率已属不低。

饲养业子系统中人工辅助能产投比为0.44，无机能产投比为7.07，有机能产投比为0.47，饲料转化率为0.48，生态效率较理想，但子系统由于系统外输入的精饲料数量较大，系统内能量循环水平较低，其产量的提高主要依赖于精饲料能投，因此系统抗干扰能力弱。如遇市场饲料价格上涨，将要大大影响系统的经济效益。

渔业子系统中人工辅助能产投比为0.35，无机能产投比为10.49，有机能产投比为0.36。饲料转化率为0.35，高于0.15~0.20的一般水平。生态效率理想，系统运转效果良好，已初步进入良性循环。其原因主要是实行猪粪尿喂鱼，输入鱼池的肥水中含大量的营养物质，不仅配合精料满足了鱼的生长需求，还提高了精饲料的转化率，从而提高了子系统的生态效率。

全系统人工辅助能产投比为0.69，高于石油农业（美国为0.1，英国为0.17，日本为0.25），显示了生态农业的优越性。但与我国典型生态农业模式相比（北京留民营农场为1）尚有较大差距。目前综合养殖模式的产业结构基本合理，但农牧渔业比例不够协调，且投能结构还存在问题，从而影响了系统的生态效率，如能加大系统内饲料的投入，生态效率会得到很大提高。种植业子系统在全系统中比重偏小，土地生产力不高，可加大农业种植面积。

种植业子系统有机氮与无机氮之比为0.28，该值偏低。化肥氮投入的绝对值也稍高，达202.3kg/hm²，高于全国平均水平191.6 kg/hm²。种植业子系统的系统外输入氮占总投氮的81%。其原因是种植业水平尚低，秸秆还田氮量少，且农场处于初建阶段，鱼池底泥尚未还田。种植业子系统稳定度为15.2%，该值偏低，说明系统自我维持能力较弱。

饲养业、渔业子系统的投氮量几乎全部经饲料形式输入。其中系统外输入占投氮量的95%、20%。饲养业子系统的投氮量几乎完全依赖于系统外，渔业子系统的投氮量中猪粪尿提供的氮素占80%，由饲养业子系统提供，系统内部的自给率较高。饲养业子系统稳定度为4.6%，该值较低，表明该子系统自我维持能力差。渔业子系统稳定度则较高，为82.5%，系统的自我维持能力强。

就全系统而言，无机氮占36%，有机氮占60%，有机氮比例偏高。这种结构不够合理，从另一侧面反映了综合养殖场的产业结构比例不够协调，种植业比重偏低，若能提高种植业比重，将会提高全系统的有机氮自给量，改变从系统外大量输入精饲料的现状。因此，协调种植业、饲养业子系统的稳定性与外部投入的关系，改善综合养殖场物质投入结构与比例，是综合养殖场初期建设的当务之急。

综合养殖场的内部收益率为20.93%，这一值是比较高的。在12%折现率下，每万元的投资（现值）可带来1.516万元的纯收益，是相当可观的。虽然投资较高（430.722万元），但投资在6.44年即可收回。以上各项指标均显示出生态复垦模式具有良好的经济效益。

包官营铁矿的生态复垦模式设计在生态上基本合理，对环境无明显不良影响，实施还可以极大地缓解包官营的农、副、渔产品的供应，并为剩余劳动力提供就业机会，具有积极社会影响。从该复垦模式的财务经济结构看，饲料占该养殖场常规财务成本的44.06%，很容易造成该养殖场对饲料市场的过度依赖，因此要保证养殖场的正常运转，必须要解决饲料问题。

2.7.9.2　包钢尾矿库区域自然生态环境的恢复与建设

包钢尾矿库是平地筑坝围成，其东西宽约3.2km，南北长约3.5km，占地面积约12km^2，位于厂区西南约3km的哈德门沟和昆都仑河冲洪积扇的交界处。地形北高南低，平均坡度为0.4%。尾矿库四周设有防渗沟，南部建有渗漏泵站，将汇集在防渗沟内的渗漏水打回尾矿库供循环使用。尾矿库东部500m是包钢粉煤灰场，占地1.2km^2，南部300m是包兰铁路，西部2km是郊区打拉亥村，北部500m是九原区工业区。

尾矿库区域的土壤可划分为栗钙土，浅色草甸土和盐化沼泽土三大类。栗钙土分布在北部及西北部，浅色草甸土分为轻、中、重度浅色草甸土，分布在东、南、西部，盐化沼泽土分布在尾矿库和粉煤灰场附近的下游地区。本区处在温带草原和荒漠的过渡地带，由于受人为生产活动的影响，草原和荒漠的植被景观已被破坏。野生植物以菊科、禾本科、豆科、蓼科和黎科为主并有少量灌木，亦见散生人工栽植的杨树、榆树、沙枣树和怪柳等乔灌木。1993 年 7 月初对尾矿坝地区进行了一次植物普查，初步查出 33 科 84 种植物，其中豆科、菊科、禾本科、羡黎科、怪柳科、胡颓子科、茄科、萝摩科、夹竹桃科的 11 种植物多为沙生抗盐碱物种，可以作为改善尾矿库地区生态环境的先锋植物。

在尾矿库的周围种植林带作为隔离绿化带来保持水土，防风固沙。林带宽度为 50m，种植在坝下渗漏沟两侧；乔木林带之中混种灌木，乔木和灌木之间播种草本植物。根据植物生态学和植物生理学知识，以及 1991～1994 年的试验研究和近十几年的观测，植物选择和种植要坚持适地、适树（草）、适时的原则，草种选用具有防治水土流失能力而且可以作为饲料使用的苜蓿草以及罗布麻、沙旋复花等；灌木选择枸杞、怪柳、小叶锦鸡儿等；乔木选择沙枣等。这样在带来环境效益的同时，又可以带来很好的经济效益。建立防、治、用结合；乔、灌、草结合，宜乔则乔，宜灌则灌，宜草则草的原则。

尾矿库西部坝体外坡面和北部坝体外坡面土壤条件较好，适宜种植怪柳、枸杞、小叶锦鸡儿等灌木，灌木间可种植紫花首蓿、罗布麻等草本。南部坝体和东部坝体南段大部分外坡面为尾矿粉覆盖。因此，应以种植沙旋复花、白刺、芦苇、怪柳、枸杞、罗布麻等为宜。

尾矿库坝内北面和西面为放矿段，南面为筑坝段，筑坝采用尾矿粉筑坝。因此，在坝内水边适宜种植植物为芦苇。芦苇是一种喜湿性多年生禾本科植物，它在土壤中的分布颇为广泛。在有水流的地边，池塘边，河流或沼泽地带都有这类植物生长，苇根能耐碱水，也能适应于弱酸性水土。芦苇根茎发达，可保土，固堤和改良土壤。

沙枣一方面有广泛的用途，有较高的经济价值，更重要的是它在土壤中度盐化下比柳树、榆树、杨树和白蜡树能适用于盐碱荒滩栽种，可起到改良土壤，改善生态环境的效果，沙枣是改良盐碱荒滩的先锋树种。广泛栽种沙枣，既为发展牧业解决饲草和燃料，又能改良土壤，提高土壤肥力，尤其是能积极改善干旱，风沙，盐碱地区的生态环境。

尾矿车间办公区应设计应用自然式布局种植各种花木，形成丰富的地形、花墙、水池、喷泉、山石等。为了消除生产区的不良影响，四周应种植隔音、防尘林、使办公区形成小气候，这个区域的绿化在生态恢复中也是十分重要的。

据测定：10m 宽的林带可以减弱噪声 30%，20m 宽的林带可以减弱噪声 40%，30m 宽的林带可以减弱噪声 50%，40m 宽的林带可以减弱噪声 60%。植被还可以很好地节省资源。实验证明，在夏季，住宅周围的落叶乔木可以让空调的运转效率提高 2% ~4%。可以说植物就是天然的空调，通过树木调节温度可以有效减少对制冷制热燃料的需求。

2.8 含汞尾矿及废水的利用

2.8.1 汞污染

2.8.1.1 混汞提金过程中的汞污染

混汞法提金是一种古老而又普遍应用的选金方法，大约自公元 50 年应用至今。所谓混汞法，就是指在矿浆中，金粒被汞选择性地润湿而形成合金，使之与其他金属矿物和脉石相分离的过程。由于金在矿石中多呈游离态出现，因此，在各类含金矿石中都有一部分金粒可以用混汞法回收。用混汞法从适于混汞的矿石（主要指脉型金矿和砂金矿）中通常可以回收 60% ~80% 的金。

据国际劳工组织统计，目前全世界共有从事小型矿业活动的矿工人数 1300 万，涉及到 55 个不同的国家和地区，且依靠矿业收入作为主要生活来源的人多达 8000 ~10000 万人；仅中国的矿工数就有 430 万，约占全世界的 1/3，其中 80% 都属于非法（非正规）矿工；此外，全球矿业行业聘用的女工数达 250 万人，童工数也多达 25 万。如此大规模的小型矿业活动，尤其在采用混汞法提金过程，产生了诸多环境和社会问题，引起了全世界的普遍关注。其中，汞污染是最为严重的环境问题之一。自1990年以来，世界上不同的国家和地区就此问题先后进行了大量的不同程度的研究，其中主要集中在南美洲、拉丁美洲、非洲和亚洲的一些国家。

中国自1995年黄金产量首次超过百吨以来，跃居成为世界第五大产金大国。中国的黄金资源较为丰富，除上海等少数几个省市外，几乎每个省市都或多或少拥有不同类型的金矿床。其中岩金是最主要的金矿类型，集中分布在新疆、陕西、河南、河北、贵州和东北三省。潼关县位于陕西省关中东端，大约900年前就有民工开采金矿石。1975年潼关县开始筹建金矿和选厂。1985年潼关县生产黄金1.01万两，跨入全国黄金万两县行业。1990年产量突破4万两。近年来，保持在8~10万两之间，成为陕西省最大的黄金生产县，并稳居全国县级产金量第三名。

目前，潼关县内注册的黄金企业有29家，生产总规模（选矿能力）2200t/d，资产总计2.2亿元，从业人数6000余人。这些黄金企业采用的提金方法大都是混汞—浮选法。在1986~1987年，全县群众采矿队发展到456个，1.5万人，采金矿石19万多吨，折合纯金7.08万两。由于受黄金巨额利润的驱使，潼关县内家庭大都先后不同程度的直接或间接参与过炼金活动，他们一般采用小球磨机和混汞碾提金，方法简便，设备简陋，且基本上未使用任何汞回收装置，汞齐在空气中直接煅烧排汞。1988年以来，经过矿山整顿后，尤其在1996年我国全面取缔混汞法实施以后，私人采金活动明显减少，但目前仍有少数的个体炼金活动在继续。混汞提金法对大气、水体、生物、土壤都造成汞污染。

（1）大气汞污染。混汞提金过程释放的汞首先主要是进入大气循环，一般通过分析指示生物（如苔藓、地衣类植物）中的汞含量来间接反映大气汞的沉降水平。在巴西，每年由于混汞法炼金活动向大气释放汞多达77.9t，占整个大气汞源释放量的67%。2001年委内瑞拉靠近EI Callao金矿区的大气汞平均浓度为183μg/m^3，8h内的变化范围是0.1~6315μg/m^3，其中20%超过50μg/m^3。江西省德兴县大气汞高达2600μg/m^3。

（2）水体汞污染。进入环境中的汞经过一系列的迁移转化后，大部分最终以各种不同的形态赋存在水体中。一般金矿区水体汞浓度要比源头水高出 40 ~ 60 倍，而未受汞污染的自然水体汞浓度仅为 0.003 ~0.005μg/L。据报道，北美和南美地区受炼金活动影响的河水汞浓度在 0.2 ~ 19.8μg/L 之间变化，菲律宾 Mindanao 采金地区水体中溶解态汞最高浓度竟达 2900μg/L，水中悬浮颗粒汞含量也高达 40mg/kg。

（3）生物汞污染。生物汞污染由于直接关系到人体健康，所以目前已成为人们普遍关注的焦点问题。对于生物汞污染研究，一般都从鱼体汞的分析入手，进而监测矿区与汞接触的矿工及渔民的发汞、尿汞和血汞含量。

（4）土壤汞污染。一般认为，土壤只作为汞在环境中迁移的"中转站"，但由于受大气沉降以及矿渣堆积的影响，出现了一些地区土壤的高汞现象，既而部分通过作物吸收，最终将危害人体健康，所以土壤汞污染问题仍不容忽视。巴西 Nambiga 地区采集的土壤样品，发现其中有 83% 超过背景值（0.5 ~ 0.6μg/g），平均汞浓度为 1.68 ± 1.41μg/g，最高达 5.53μg/g，而该地区金矿渣中汞含量为 89 ~ 1555μg/g。金矿开采地区的土壤受汞污染主要集中在 0 ~ 10cm 层，而 30cm 以下几乎接近背景值，说明土壤汞的来源主要是采金活动和大气沉降。

2.8.1.2 稀土生产中的汞污染

在稀土生产过程中，稀土原矿、精矿产品、矿山荒渣以及选矿尾矿中含有一定量的汞、铅、钍等重金属和放射性物质。其中，汞及其化合物属于剧毒物质，可在体内蓄积，进入水体的无机汞可转变为毒性更大的有机汞，会对工作人员身体健康构成威胁。这些物质不可避免地暴露在自然环境中，尤其是形成尾矿和矿渣中的汞、铅、钍会通过迁移转化进入到土壤和水体等环境要素中，造成对环境的污染，因此要对稀土原矿、精矿、尾矿和矿渣进行管理和处置。

2.8.2 汞污染治理

化工、电池、黄金选冶等行业排出的含汞废水、废气、废渣已大大超出了环境承受能力。联合国环境规划署2003年“全球汞状况评估”报告指出，各种人类活动每年向大气排放汞量1900~2200t，汞污染治理刻不容缓。

通过各种途径进入土壤中的重金属，由于化学、物理、生物因素的作用，在土壤中不断累积。由于重金属不能被微生物降解和在土壤中难于迁移，使治理土壤重金属污染变得十分困难。随着人们对环境保护的日益重视，人们开始探索在不破坏土壤生态环境的情况下治理重金属污染土壤的途径。

2.8.2.1 热解吸法

汞具有挥发性，常温下即有极微量的汞从土壤中挥发出来。采用加热的方法可以将汞从土壤中解吸出来，然后回收利用。美国一家公司对土壤汞回收利用进行了实验室和中型模拟试验研究，最后成功地应用于现场治理。此方法一般应用于土壤汞含量极高的情况，而且此方法技术复杂，投资非常大。

2.8.2.2 客土法

客土法即是向污染的土壤加入大量的干净土壤，覆盖在表层，使汞浓度降低到临界限度以下。日本一家公司利用客土法治理土壤汞污染，土壤汞含量达到背景值水平时，每公顷土地需投资折合人民币15万元。此方法技术虽然不复杂，但投资大。

2.8.2.3 固汞法

调节土壤酸碱度、增施有机肥、加入硫化钠等方法可以使土壤中的汞以难被作物吸收的形态存在，从而减轻汞对作物的危害，这些方法可称为固汞法。固汞法存在汞的再污染问题，即当土壤性质发生变化时，汞有可能重新转化为易被作物吸收的形态。

2.8.2.4 微生物法

利用耐汞微生物将土壤中的汞转化为易挥发形态的汞，从而使土壤中的汞浓度降低，此方法可称为微生物法。

工业产生的典型含汞废物中，都具有生物毒性。例如，离子态汞（Hg^{2+}），它在厌氧细菌的作用下可以转化成对环境危害最大的甲基汞，汞一旦释放到环境中，将很难被生物降解。因此这种方法也存在汞的再污染问题，即当汞从土壤中挥发出来时，由于汞蒸气密度较空气大，致使汞蒸气在低空漂移，仍然会对动植物造成污染。

目前，利用细菌先在污染点位存活繁衍，然后通过酶的作用将甲基汞和离子态汞转化成毒性小得多，可挥发的单质汞（Hg^0），已被作为一种降低汞毒性的生物途径。由于汞在微生物的作用下可烷基化或脱烷基及还原挥发，并且环境中正存在着一些耐汞微生物，因而通过生物去除汞污染是可行的。

环境中有很多细菌能使甲基汞脱去甲基。Shariat 从土壤、沉积物和污水处理物中分离 40 种普通细菌，在厌氧和好氧条件下培养 18～24h，然后加入灭菌的氯化甲基汞溶液（25mg/L），其中 21 种细菌能使甲基汞脱除甲基，好氧条件下细菌对甲基汞的降解范围为 20%～84%，其中肠产七杆菌等 7 种菌使甲基汞减少 60%，在厌氧条件下，去碘孤菌使甲基汞减少 32%。

2.8.2.5 植物修复土壤汞污染治理技术

植物生长是植物吸收（或净化）垃圾的过程，一株植物可看作是一个“太阳能驱动的抽吸和过滤系统”这个系统具有适度的负荷和降解纳污能力。许多植物成分的内表面和外表面是微生物群体的栖息场所，这些微生物是可以利用的。例如，根表面活跃的微生物膜，与延伸到土壤里的菌根共同作用，从而加强了土壤与地表面的联系，弥补了植物本身某些新陈代谢能力的不足。植物修复土壤汞污染治理技术即是以忍耐和超积累汞植物（这种植物不进入食物链）及其共存微生物体系清除土壤汞污染的一种治理技术。其技术原理是：利用耐汞或超积累汞植物将土壤中的汞萃取出来，富集并搬运到植物根部可收割部分和植物地上的枝条部分。

植物修复土壤汞污染治理技术切断了汞进入人体和家畜的食物链，是合理利用和改良土壤汞污染的良好途径。而且该技术成本低，对环境扰动少，治理土壤汞污染的同时可以清除土壤周围的大气或水体中的污染物。植物修复汞污染的过程也是土壤有机质含量增加的过程，被植物修复过的干净土壤，适合多种农作物的生长。

麻类作物是纺织工业主要的原料，它们是国防、民用的必需品。我国有很多品种麻类作物，有多年生的（苎麻、剑麻、番麻等），有一年生的（黄麻、红麻、大麻、亚麻、青麻）。同一种麻类又有不同品种，亚麻就有200多个品种。

研究表明：麻类作物为耐汞作物，但土镶汞浓度为7.4mg/kg的农田种植六年苎麻，即可使土壤汞浓度恢复至背景值水平。由于麻类作物耐汞而且在我国分布广泛，因此，可以考虑改种麻类作物以消除汞污染农田土壤中的汞。

麻类作物修复土壤汞污染治理技术工艺流程如图2-3所示。

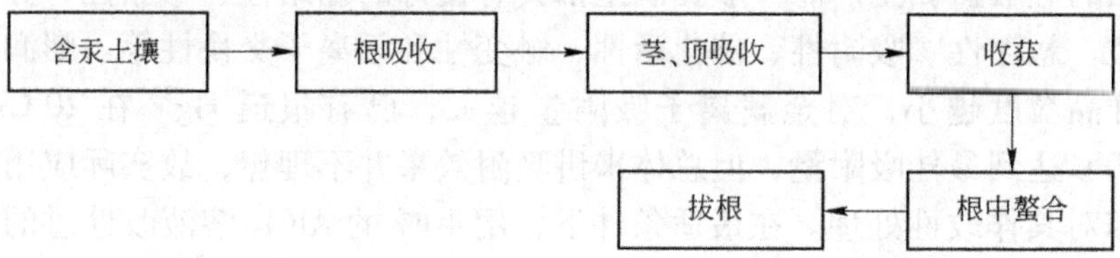

图2-3 麻类作物修复土壤汞污染治理技术工艺流程

被麻类作物根系吸收的汞通过输导作用进入地上部分各器官中，伴随对麻类作物的收获与加工，一部分汞向外扩散，脱离土壤系统；一部分汞以有机物料的形式返回土壤系统，这部分有机物料以不返回原土壤系统为宜，而应妥善处理，比如将麻秆制成麻板，用作建材。一般而言，植物根中汞的含量远远高于茎顶中汞的含量，因此，必须拔出麻根，并且脱离原土壤系统，比如将麻根置于林地中。

植物修复土壤汞污染治理技术研究发展趋势大致有以下几方面：

（1）寻找更多的超积累汞植物，应用于土壤汞污染的治理。

（2）建立更多的应用植物修复技术治理土壤汞污染的示范基地，获得经验后加以推广。

（3）在应用研究的同时，深化应用基础理论的研究，包括植物中汞的存在形式的研究、植物积累或超量积累汞的机理研究、土壤化学因子对增加汞的植物可利用性的控制机理研究等等。

（4）耐汞和超积累汞植物及其根际微生物共存体系的研究。

（5）应用基因工程技术提高植物修复土壤汞污染效率的应用研究。

2.8.2.6　应用环境矿物材料进行汞污染治理

环境矿物材料是指由矿物及其改性产物组成的与生态环境具有良好协调性或直接具有防治污染和修复环境功能的一类矿物材料。其基本性能包括矿物表面吸附作用、孔道过滤作用、结构调整作用、离子交换作用、化学活性作用、物理效应作用、纳米效应作用及与生物交互作用等。

（1）膨润土。膨润土主要成分蒙脱石是一种层状结构、片状结晶的硅酸盐黏土矿。一般膨润土都具有良好的黏结性、膨胀性、分散性、悬浮性、吸附性、催化活性、触变性和阳离子交换性等。膨润土样品粒度越小，对金属离子吸附量越大，已有报道 Hg^{2+} 在 20℃ 和 80℃ 达到最佳吸附量，但总体来讲吸附效果并不理想，故实际应用中需对其作改性处理。在最适条件下，用 40% 的 $AlCl_3$ 溶液改性过的膨润土可将含 Hg^{2+} 浓度由 1.46mg/L 降至 0.035mg/L，达到国家规定的排放标准。用有机高分子改性后的膨润土对 Hg^{2+} 的吸附率提高近 20 个百分点。

（2）沸石。沸石是含碱（碱土）金属的铝硅酸盐，可作为无机的离子交换吸附剂，沸石对汞的最佳吸附能力为 154.4mg/g。按汞与分子筛质量比为 32mg/g 进行处理，汞的去除率达 99% 以上，且可在较宽范围使用。分子筛可再生，汞的洗脱率大于 95%，可重复多次使用，同时可防止二次污染。中国地质大学研制了利用沸石分子筛净化含重金属废水并回收金属技术，这一技术实现产业化后，具有可观的经济效益和环境效益。墨西哥研究人员利用沸石研制成一种可有效清除和回收工业废水中多种金属的药剂，这种药液适用于处理冶金和机械加工企业排放的污水，可以清除和回收废水中如铜、铝、汞等有害人体健康的金属。

（3）蛭石。蛭石对汞具有较强的吸附作用，速度快，pH 值是主要影响因素，饱和吸附容量 3.11mg/g。经 CTMAB 改性后对汞的吸附能力显著提高，饱和吸附容量 24.33mg/g。蛭石与絮凝剂（如聚硫酸铝）之间存在协同作用，联合处理溶液中痕量汞有较高的应用价值。

（4）粉煤灰。粉煤灰是煤炭燃烧后的废弃物，具有发达的大孔，对各种大分子具有一定的吸附能力。在 pH 值为 9.5 左右、吸附时间为40min的条件下，用粉煤灰可将含Hg^{2+}废水浓度从1.6mg/L降低到0.022mg/L，去除率达98.16%，处理费用约为0.4元/t左右。废水达标后，可直接排放，无二次污染，达到"以废治废"的目的。

（5）凹凸棒石黏土。凹凸棒石黏土具有比表面积大、化学稳定性好、吸附能力强等特征，在含重金属离子的工业废水处理中已有广泛应用。经HNO_3改性处理后，凹凸棒石黏土孔道开放和直径扩大，最佳条件下，废水中Hg（Ⅱ）的吸附率接近98%。

（6）磷矿石。磷矿石可将水中重金属吸附在表面进行离子交换，在瞬间即可发生作用，使得利用动态法进行工业废水的连续处理成为可能，而且不会产生二次污染，具有工艺应用意义。采用分级处理的方法可以使处理后的工业废水达到排放标准甚至饮用标准。

影响去除效果的因素包括磷矿石的类型、磷灰石的矿物成分、介质pH值、温度、吸附时间、离子的初始浓度、样品的粒度和用量等。通常，结构碳酸根的存在能增加比表面积从而增加反应活性。

（7）硅藻土。硅藻土主要成分为硅藻，是优良的吸附剂材料。微孔和表面积是进行吸附的重要部位，其吸附汞离子的作用机理主要有微孔吸附、表面配位吸附、表面配合吸附、离子交换吸附等。吸附后硅藻土经过处理可以用于砖的制备或是进行再生，原料廉价易得，处理设备简单，且没有二次污染，具有良好的应用前景。

环境矿物材料在汞污染治理过程中，因其操作简单，投资成本低，处理量大，操作速度快，不易造成二次污染等优点而日益受到社会的关注和重视。但同时应该看到，将环境矿物材料从实验室走向汞污染治理的实际应用上还有许多问题有待研究，如对去除机理及最佳去除工艺条件、环境矿物的样品类型选择、造粒、表面改性等问题。

2.8.3 含汞废水的回用

随着我国工业生产的迅速发展，废水的排放量也在迅速增加。许多重金属废水如含汞、铜的废水，如果不进行回收处理，随废水的排放，既造成环境污染，又造成资源的浪费。在汞污染中，汞废水的回用不仅能回收部分汞，提高水的循环利用率，还可达到治污和循环回用的双重功效。

贵州汞矿生产朱砂和汞精矿，采用重浮联合流程，每吨原矿石用水 3 ~4. 6t。废水主要是尾矿水、浓密机溢流水、沉淀池溢流水和地面冲洗水。废水中含有 100 ~ 20000mg/L 悬浮物，直接排放会造成河道淤塞、污染农田。此外还有微量的金属汞、铜、铅和锌，也会污染环境。

选厂废水随季节变化部分回用（雨季）或全部回用（旱季）。方式是外部大循环，即各种废水一起汇入尾矿库，沉淀后，上清液供选厂使用。

回水的净化废水能否回用的一个基本原则是看选厂采用回水后的选别指标是否符合要求。一般为了保证选别工艺指标，废水回用前，都要进行适当净化。

贵州汞矿利用尾矿库做回水净化设施。库容量为 110 万 m^2，水面 55000m^2。由于尾矿库具有水面广，容量大，沉淀效率高，并且有一定的自净能力，是比较理想的沉淀设备。沉淀后的水质符合选厂要求。所以，选厂做到了尾矿水循环使用，基本实现废水“零”排放。只是丰水季节，地面水汇集到尾矿库，这时才有多余的水从尾矿库外溢。由于尾矿库的沉淀效率高，悬浮物、硫化汞粉末和水基本得到沉淀分离。水中的氧、微生物加上阳光的照射作用，产生自然氧化—还原反应。因此，捕收剂乙黄药及重金属离子都可得到不同程度的降解。

实践证明，经尾矿库澄清后外溢水的有害物含量分别为（mg/L）：悬浮物 100 ~ 300，汞 0. 008 ~ 0. 03，铜 0. 01 ~ 0. 03，铅 0. 16 ~ 0. 2，锑 0. 05 ~ 0. 15，pH 7 ~ 8，均在国家允许排放标准之内。因此，尾矿库既可堆存尾矿，又可净化废水，做到一库两用。

2. 9　尾矿综合利用存在的问题与对策

2. 9. 1　存在的问题

我国在尾矿综合利用方面虽然取得了很大成绩，但远不能适应经济和社会可持续发展的要求，与国内其他领域工业固体废弃物的利用水平及国际先进水平相比，存在着较大差距。

(1) 综合利用率低。我国目前矿产资源的总回收率只能达到30%左右，比国外水平低20%。就采选的回收率而言，铁矿为67%，有色金属矿为50%～60%，非金属矿为20%～60%。有益组分综合利用率达到75%的选厂只占选厂总数的2%，而70%以上的伴生综合矿山，综合利用率不到2.5%。更值得注意的是有些矿山的共（伴）生组分甚至超过矿产的价值，但这些共（伴）生组分在主矿产选矿时进入尾矿未得到利用。仅以有色矿山为例，每年损失在尾矿中的有色金属就达20万t，价值在20亿元以上。国外尾矿的利用率可达60%以上，欧洲一些小国已向无废物矿山目标发展，而我国尾矿的利用率仅为7%左右，差距很大。

(2) 高附加值产品少、缺乏市场竞争力。目前，我国尾矿在工业上的应用，大多仅停留在对尾矿中有价元素的回收上或直接作为砂石代用品（粗、中粒）销售，开发出的高档建材产品如微晶玻璃花岗石、玻化硅等，因工艺过程相对复杂，成本较高，而相对密度又较大，无法与市场上出售的各种装饰建材相竞争，因此，到目前为止，还基本上处于试验室及中试阶段，很难在工业上推广应用。

(3) 投入不足，政策扶持力度有待加强。长期以来，尾矿利用项目在资金上得不到保证，投入严重不足。目前，我国没有专项资金支持资源综合利用，融资渠道没有解决，再加上矿山行业普遍效益较差，尾矿利用资金筹措非常困难。在政策扶持上，国家先后出台了资源综合利用减免所得税、部分资源综合利用产品企业减免增值税的优惠政策，但尚没有具体制定针对尾矿利用的鼓励性政策。

(4) 资源意识、环境意识不高。资源利用的法律、法规建设落后，尾矿利用基础管理薄弱，缺少尾矿利用的基础资料等，皆成为制约尾矿利用的影响因素。

2.9.2 尾矿利用的对策与建议

在第二次工业污染防治工作会议上国家强调："综合利用，变废为宝，既保护了国家的资源，又充分利用了国家资源，同时又净化了环境，可谓一举多得"。报告高度概括了资源综合利用的必要性和迫切性。在面向21世纪新的历史发展阶段，我国有限的资源将承载着超负荷的人口、环境负担，仅靠拼资源、外延扩大再生产的经济增长，是不可能持续的。结合尾矿利用的现状以及大量尾矿所带来的诸多问题，尾矿利用工作应当进一步引起有关部门、矿业企业的高度重视，应从政策、经济、法律以及技术等方面采取切实可行的措施。具体可从以下几方面实施。

(1) 进一步转变观念、提高尾矿利用意识。国家有关部门应确定尾矿利用在资源综合利用中的重要地位，矿山企业应当树立长远观念，要把尾矿利用作为实现矿业持续发展的必要措施。要运用各种手段和形式，加强尾矿利用的宣传教育，使全行业真正认识到尾矿利用对节约资源、保护环境、提高矿山经济效益、促进经济增长方式的转变，实现合理配置资源和可持续发展，有着重要的意义。

(2) 完善法律和政策体系，强化政策导向作用。1986 年我国颁布了《矿山资源法》，对矿产资源的合理开发和有效保护起到了积极的保护作用。但这项法规还不能完全适应新形势的要求，希望尽快出台《资源综合利用法》、《再生资源综合利用法》，使资源综合利用包括尾矿综合利用工作能够纳入到法制化轨道。同时继续贯彻现有的一些鼓励资源综合利用的政策，如《国务院批转国家经贸委等部门关于进一步开展资源综合利用意见的通知》，财政部、国家税务总局《关于继续对部分资源综合利用产品实行增值税优惠政策的通知》等。

(3) 强化管理工作，增加对尾矿利用的投入。尾矿利用是社会性公益事业，除充分发挥市场机制的作用外，还应加强综合部门的宏观管理，将尾矿利用纳入国家、行业发展规划和制订分步实施的计划。矿山企业要对尾矿利用工作统筹规划，要设立或指定具体的管理机构，加强企业内部尾矿利用的管理与协调。

鉴于尾矿利用是集环境、社会、经济效益于一体的长期性、公益性事业，国家应当加大科技投入的力度，建立工程化研究基地和示范工程。建议国家设立资源综合利用专项基金在政策性银行设立资源综合利用贷款专项，并给予贴息、低利率、延长还款期等方面的信贷优惠政策，引导企业增加对尾矿利用的投入，使我国尾矿利用工作走上健康发展的道路。

(4) 加强尾矿资源的调研工作，加大尾矿利用科技攻关力度。由于我国的尾矿量大、分布广、性质复杂，因此加强对尾矿资源的调研工作，摸清基本情况，找出存在的问题以对症下药，是推进尾矿利用的重要基础。通过调研，摸清现有尾矿堆存的数量、年排出量、尾矿的基本类型、粒度组成、各种有用金属矿物和非金属矿物含量、有害成分的含量等，根据地域和不同类型尾矿的特点，从技术、经济上指出其合理利用的途径。

搞好尾矿综合利用，还有许多技术问题需要解决。因此，必须加大科技攻关的力度，应重点解决尾矿中伴生元素的综合回收技术，经济地生产高附加值以及大宗用量的尾矿产品的实用技术等，开展尾矿矿物工艺学的研究。国家应大力支持尾矿利用科技攻关工作，通过科技攻关及成果的推广，使我国尾矿利用率由目前的7%提高到30%左右，逐步提高我国工业固体废弃物综合利用的整体水平，缩小与世界先进水平的差距。

3 尾矿坝的设计与操作

3.1 尾矿设施

金属或非金属矿山排出的尾矿不仅数量大（每年以亿t计），有些还含有暂时不能回收的有用成分，如随意排放，就会造成资源的流失，更主要的是会大面积覆没农田，淤塞河道，造成严重的环境污染，因此必须妥善处理。将选矿厂排出的尾矿送往指定地点堆存或利用的技术称为尾矿处理。为尾矿处理所建造的构筑物系统称为尾矿设施。

尾矿设施通常由以下部分组成：

(1) 尾矿水力输送系统。包括尾矿浓缩池、尾矿输送管槽、砂泵站和尾矿分散管槽等，用以将选矿厂排出的尾矿浆送往尾矿库堆存。

(2) 尾矿回水系统。包括回水泵站、回水管道和回水池等，用以回收尾矿库或浓缩池的澄清水，送回选矿厂供选矿生产重复利用。

(3) 尾矿堆存系统。一般常简称为尾矿库，包括库区、尾矿坝、排洪构筑物和坝的观测设备等，用以储存选矿厂排出的尾矿。

(4) 尾矿水处理系统。包括水处理站和截渗、回收设施等，用以处理不符合重复利用或排放标准要求的尾矿水，使之达到标准。

尾矿设施的重要性表现在：

(1) 尾矿设施是维持矿山生产的重要设施。为保护环境、保护资源、节约用水、维持矿山安全生产，国家规定：环保和安全设施必须与主体工程同时设计、同时施工和同时投入使用。尾矿库作为污染源和危险源，同时又是环保设施和安全设施，因此矿山建设必须贯彻“三同时”方针，尾矿设施是矿山不可缺少的必要设施。

(2) 尾矿设施是矿山建设投资的重要组成部分。尾矿设施的基建投资一般约占矿山建设总投资的10%以上，有的甚至与选矿厂投资一样多。尾矿设施的运行成本也较高，一般约占矿山总成本的5%~10%，有的甚至占选矿厂总成本的30%。

（3）尾矿设施是重要的污染源。尾矿库堆存的尾矿和尾矿水都是重要的污染物，若得不到妥善处理，必然会对周围环境造成严重污染，因此尾矿库是矿山的重要污染源。

（4）尾矿设施是重要的危险源。尾矿库是一个具有高势能的人造泥石流的危险源，在长达十多年甚至数十年的时间里，各种自然的和人为的不利因素都会直接威胁着它的安全。事实一再表明，尾矿库一旦失事，必将对下游人民的生命财产造成严重损失。做好尾矿库的安全管理有重大的政治经济意义。

尾矿设施既是兴利设施，但它同时又是一个重大的危险源。其各组成部分中以尾矿库最为重要。尾矿库不仅为选矿厂提供尾矿回水，还可像水库一样汇集、储存雨水，起到径流调节的作用，平衡当地水源枯水季节的供水不足。

尾矿设施既是环保设施，也是大的污染源。因此，矿山必须把尾矿设施作为环保工作的重点。尾矿设施建设周期长，建设条件差，且占用大量的土地，对环境或多或少有一定的影响，而它本身又不直接创造经济效益，所以，过去往往不太被重视。随着时间的推移，各种安全、环保问题日益暴露出来，从而加深了人们的认识，也越来越引起人们对它的关注，这将会对尾矿库今后的建设和治理产生积极的作用。

3.2 尾矿的输送系统

（1）干式选矿厂尾矿。尾矿一般可采用箕斗或矿车、皮带运输机、架空索道或铁道列车等运输。

利用箕斗或矿车斜坡轨道提升运输尾矿，然后倒卸在锥形尾矿堆上，这是一种常用的方法。根据尾矿输送量的大小可采用单轨或双轨运输。地形平坦，尾矿库距选矿厂较近时可采用此法输送。

利用铁路自动翻车运输尾矿向尾矿场倾卸，此方案运输能力大，适用于尾矿库距选矿厂较远且尾矿库是低于路面的斜坡场地。

利用架空索道运输尾矿，适于起伏交错的山区，特别是业已采用架空索道输送原矿的条件，可沿索道凹线输送废石，尾矿场在索道下方。

利用移动胶带运输机输送尾矿，运至露天扇形底的尾矿堆场。适于气候暖和的地区，距选矿厂较近。

（2）湿式选矿厂尾矿。尾矿多以矿浆形式排出，所以必须采用水力输送。常见的尾矿输送方式有自流输送、压力输运和联合输送三种。

自流输送是利用地形高差，使选厂的尾矿矿浆沿管道或溜槽自流到尾矿库；自流输送时，管道或溜槽的坡度应保证矿浆内的团体颗粒不沉积下来，这种方式简单可靠，不需动力。

压力输送是借助砂泵用压力强迫扬送矿浆的方式。由于砂泵扬程的限制，往往需设中间砂泵站和压力管道进行分段扬送，故比较复杂。在不能自流输送时，只能用这种方式。

联合输送即自流输送与压力输送相结合的方式。某段若有高差可利用，可采取自流输送；某段不能自流，则采用砂泵扬送。

尾矿输送系统一般应有备用线路，特别是压力输送时应进行定期检修，为应付意外事故，应该在某些地段设事故沉淀池。

3.3　尾矿库（坝）的筑坝方法

尾矿库的典型断面特征如图 3-1 所示。采样或取料时，应根据尾

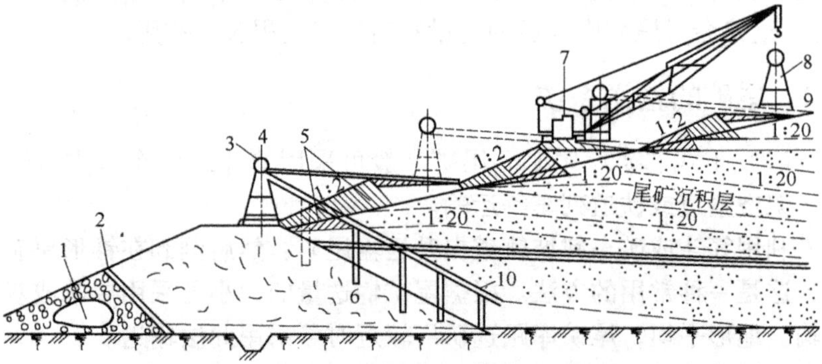

图 3-1　用移动管架排放尾矿坝堆积过程图

1—堆石坝；2—反滤层；3—尾矿排放管；4—尾矿排放管的中心线；5—尾矿堆积堤；6—土坝；7—用于移动排放管的起重机；8—木支架；9—尾矿堆积堤的总坡度线；10—木流槽（最初位置）

矿的堆积剖面，上下兼采，逐段推进，尽量使混合料均匀一致。

3.3.1 尾矿库

尾矿库是堆存尾矿堆场所，多有堤坝和山谷围截而成。根据库址的地形不同，尾矿库可分为三种类型，尾矿库的类型及选择见表 3-1。

表 3-1 尾矿库的类型

库　型	初期坝平面形式	特　点	备　注
山谷型	在谷口一面筑坝	初期坝短，工程量小，基建费省，尾矿堆坝工作量小，管理维护简单，应优先选用	见图 3-2
山坡型	利用山坡阶地二面或三面筑坝	初期坝长，工程量大，基建费高，尾矿堆坝工作量大，管理维护复杂，安全性差，只在无合适的山谷做尾矿库时才选用	见图 3-3
平地型	在平地四周筑坝		见图 3-4

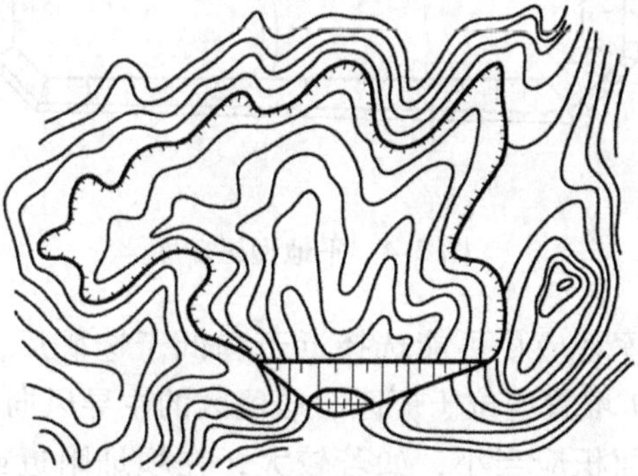

图 3-2　山谷型尾矿库

尾矿库址选择的基本原则：

（1）不占或少占耕地，不拆迁或少拆迁居民住宅。

（2）选择有利地形、天然洼地、修筑较短的堤坝（指坝的轴线短）即可形成足够的库容（一般应满足储存设计年限内的尾矿量）。当一个库容不能满足要求时，应分选几个，每个库容年限不应低于 5 年。

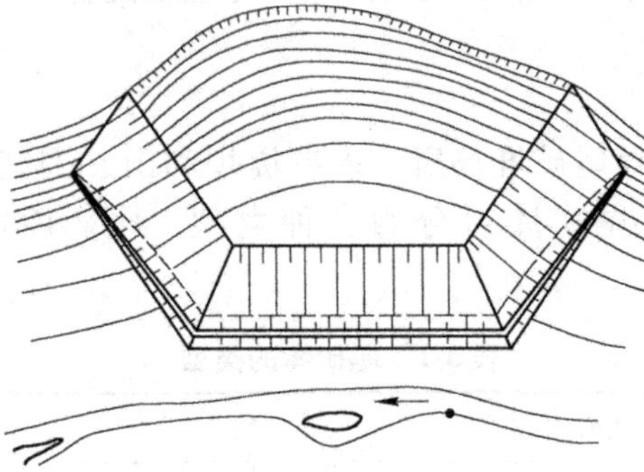

图 3-3　山坡型尾矿库

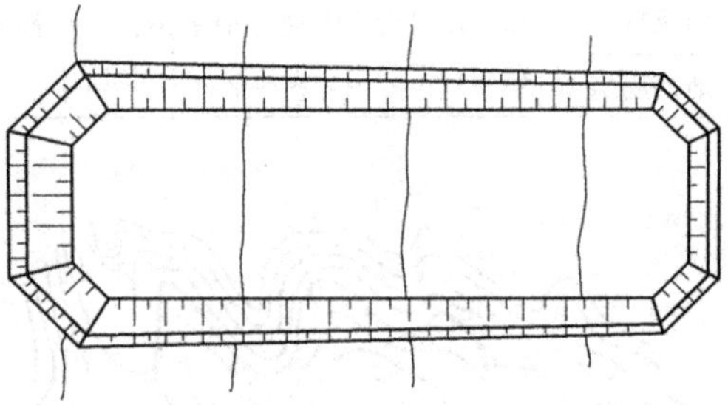

图 3-4　平地型尾矿库

(3) 尾矿库址应尽可能选择近于和低于选矿厂，尽量做到尾矿自流输送，尾矿堆置应位于厂区、居民区的主导风向的下风向。

(4) 汇雨面积应当小，如若较大，在坝址附近或库岸应具有适宜开挖溢洪道的有利地形。

(5) 坝址和库区应具有较好的工程地质条件，坝基处理简单，两岸山坡稳定，避开溶洞、泉眼、淤泥、活断层、滑坡等不良地质构造。

(6) 库区附近需有足够的筑坝材料。

(7) 库址、尾矿输送和储存方式、设施的确定，应进行方案比较。

3.3.1.1 尾矿库的库容

尾矿库的库容有全库容、总库容和有效库容之分。用图 3-5 来解释其间的区别，该图为尾矿库典型断面示意图。

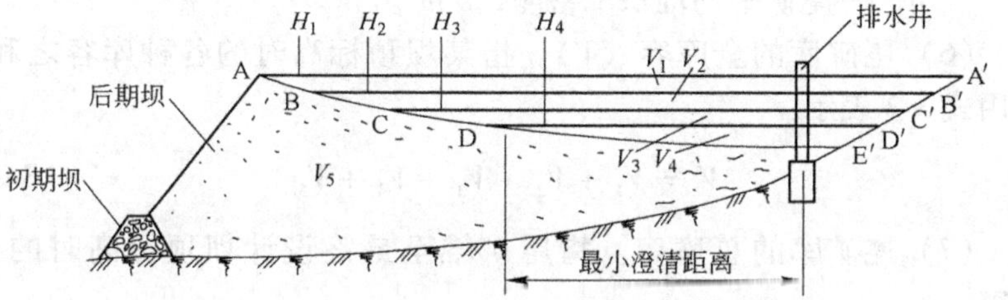

图 3-5 尾矿库的库容组成

H_1—某一坝顶标高，对应的水平面为 AA′；H_2—洪水水位，对应的水平面为 BB′；H_3—蓄水水位，对应的水平面为 CC′；H_4—正常生产的最低水位，亦可称之为死水位，对应的水平面为 DD′。该水位由最小澄清距离确定；DE′—细颗粒尾矿沉积滩面及矿泥悬浮层面

（1）空余库容（V_1）。指水平面 AA′与 BB′之间的库容，它是为确保设计洪水位时坝体安全超高或安全滩长的空间容积，是不允许占用的，故又称安全库容。

（2）调洪库容（V_2）。指水平面 BB′和 CC′之间的库容，它是在暴雨期间用以调洪的库容。是设计确保最高洪水位不致超过 BB′水平面所需的库容，因此，这部分库容在非雨季一般不许占用，雨季绝对不许占用。

（3）蓄水库容（V_3）。指水平面 CC′和 DD′之间的库容，供矿山生产水源紧张时使用，一般的尾矿库不具备蓄水条件时，此值为零，CC′和 DD′重合。

（4）澄清库容（V_4）。指水平面 DD′和滩面 DE′之间的库容，它是保证正常生产时水量平衡和溢流水水质得以澄清的最低水位所占用的库容，俗称死库容。

（5）有效库容（V_5）。是指滩面 ABCDE′以下沉积尾矿以及悬浮状矿泥所占用的容积。它是尾矿库实际可容纳尾矿的库容，按式 3-1 算得：

$$V_5 = W/d \quad (3\text{-}1)$$

式中 V_5——有效库容，m^3；

W——设计根据选矿厂全部生产期限内产出的尾矿总量，t；

d——尾矿平均堆积干密度，t/m^3。

（6）尾矿库的全库容（V）。指某坝顶标高时的各种库容之和，可用式3-2表示：

$$V = V_1 + V_2 + V_3 + V_4 + V_5 \quad (3\text{-}2)$$

（7）尾矿库的总库容。指尾矿堆至最终设计坝顶标高时的全库容。

3.3.1.2 *尾矿库的面积-容积曲线*

尾矿库的库面面积、全库容、有效库容和汇水面积都将随坝体堆积高度的变化而变化。为了清楚地表示出不同堆坝高度时的具体数值，可绘制出尾矿库的性能曲线，如图3-6所示。

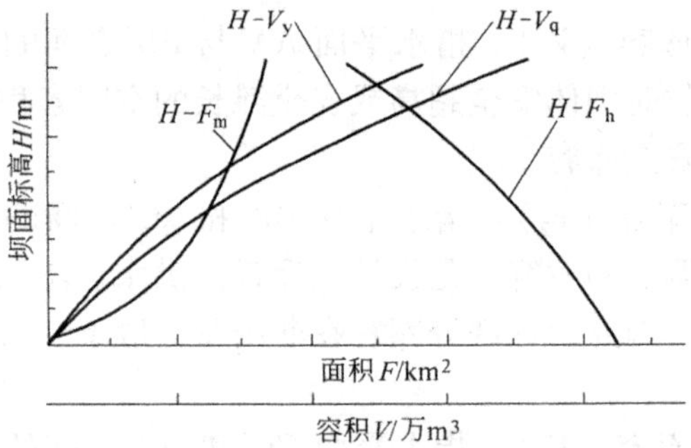

图3-6 尾矿库的性能曲线

曲线 $H\text{-}F_m$ 为高程-库面面积曲线；曲线 $H\text{-}V_q$ 为高程-全库容曲线；曲线 $H\text{-}V_y$ 为高程-有效库容曲线；曲线 $H\text{-}F_h$ 是高程-汇水面积曲线

设计时，可根据全库容曲线确定各使用期的尾矿库等别；生产部门可根据有效库容曲线推算各年坝顶所达标高，以便制定各年尾矿坝筑坝生产计划；设计者根据汇水面积曲线进行各使用期尾矿库排洪验算。

3.3.1.3 尾矿库堆积高度的确定

要想知道选矿厂生产多少年后尾矿库能堆积到多高，首先要知道选矿厂向尾矿库内排放多少尾矿量，用公式3-3计算出所需的全库容。

$$V = W\rho_g/(2.7\gamma_d\eta) \tag{3-3}$$

式中 V——所需尾矿库的全库容，m^3；

W——选矿厂一定时期内排放的尾矿总量，t；

ρ_g——原尾矿的干密度，t/m^3；

γ_d——尾矿平均堆积干重度，t/m^3，可按设计值采用；

η——尾矿库库容利用系数，与尾矿库的形状、尾矿颗粒粗细和放矿方法等因素有关。

根据所需的全库容 V 值查尾矿库面积-容积曲线，即可查出尾矿堆积标高（如图3-6所示）。

反过来说，要想知道尾矿库堆积到某一标高时已装了多少尾矿，可先从尾矿库面积-容积曲线上查出此标高时的全库容，然后用公式3-4计算出已装尾矿量。

$$W = 2.7\eta\gamma_d V/\rho_g \tag{3-4}$$

3.3.1.4 尾矿库的等别

一般来说，尾矿库的库容越大，坝高越高，其基建费就越高，失事后对下游可能造成的灾害就越重，因而其重要性也就越大。尾矿库的等别体现了尾矿库的重要性，它是根据全库容和坝高两个因素划分的，见表3-2。

表3-2 尾矿库的等别

尾矿库等别	全库容/万 m^3	坝高/m
一	仅二等库提高等别用	
二	$\geqslant 10000$	$H \geqslant 100$
三	$1000 \leqslant V < 10000$	$60 \leqslant H < 100$
四	$100 \leqslant V < 1000$	$30 \leqslant V < 60$
五	$V < 100$	$V < 30$

当用库容和坝高两个因素分别确定出的等别相差一等时，尾矿库的等别应按高的确定；当等差大于一等时，则应按高的降低一等确定。另外如果尾矿库失事会使下游重要城镇、工矿企业或重要铁路干线遭受严重灾害者，尾矿库的等别要提高一等。

由于尾矿库是不断堆坝的，尾矿库的库容和坝高逐渐增大，因此，尾矿库使用后期的等别常较初期或中期为高。

尾矿库的等别越高，对其安全程度的要求越高，其建、构筑物的设计安全系数越大，排洪标准也越高。

3.3.1.5　尾矿库建设所需尾矿资料

A　设计基础资料的主要参数

（1）尾矿日产量、设计服务年限内的尾矿总量；

（2）尾矿颗粒分析及其加权平均粒径；

（3）尾矿浆的流量及其浓度；

（4）尾矿沉积滩的坡度；

（5）尾矿浆的最小澄清距离；

（6）尾矿库内平均堆积干密度；

（7）尾矿库地区的地震设防烈度及气象资料；

（8）尾矿库址工程水文地质条件。

以上各参数及资料是尾矿库设计必不可少的。一般应由企业提供，随着今后生产工艺的改进，若上述参数有变化，须及时将新的参数提供给设计部门，以便对原设计做必要的修改。

B　设计成品的主要参数

（1）总库容及总坝高。

（2）各运行期尾矿库的等别（设计规范规定同一个尾矿库在运行期间，库容由小到大，坝高由矮到高，库的等别也可随之变化，这样可大大节省基建投资）。

（3）各运行期的防洪标准。

（4）初期坝坝型、坝高和上、下游坝坡。

（5）后期坝坝型、坝高和下游坝坡及堆坝逐年上升速度。

（6）坝体稳定安全系数。

（7）子坝堆筑方式。

（8）浸润线控制深度。

（9）尾矿库汇水面积。

（10）各运行期的所需调洪深度及所需排洪流量。

（11）设计洪水位时的最小安全超高和最小安全滩长（注意，这里不是指设计规范中的最小安全超高和最小安全滩长）。

（12）排洪构筑物的型式及尺寸。

一个完善的设计对以上主要参数不仅要求数据明确，而且都要有详细确切的论证。

C　尾矿库设计的安全要求

如前所述，尾矿库实际上是一个处于高势能状态的泥石流源，尾矿库一旦失事，往往造成特大灾害。其安全固然有赖于勘察、设计、施工、监理和管理等多个部门的共同重视与配合，但设计属于核心和基础环节，作用更为突出和重要。因此，设计者应具有高度责任心和过硬的技能，才能胜任。

设计的安全要求是多方面的，除了要仔细研究勘察报告和基础资料外，在具体设计中主要体现在两个方面：一是要确保设计的尾矿坝具有足够的稳定性，各种运行状态稳定安全系数必须符合设计规范的规定；二是要使洪水位能控制在设计规范规定的范围内，确保防洪的安全。对施工质量和运行管理的具体技术参数要求，在设计文件中必须有明确的交代，以便施工和生产部门严格按设计要求进行管理。

按实际需要取表3-3所列有关资料。

3.3.1.6　尾矿库的布置形式

尾矿库布置是尾矿库选址过程的组成部分。因为任一特定尾矿库场地的适用性都必须在充分论证它对特定布置方案的适应性情况下才能确认下来。从某种程度上讲，尾矿布置方案有无限多种，但它必须与各种地形背景相适应，而且与所用坝类型无关，特定尾矿、废水性质及库区特定条件的任意坝类型和升高方法都可以采用。常用的布置形式有以下几种：

（1）环型。在没有天然凹地的平坦地区，最适合采用环型尾矿库，图3-7示出环型尾矿库上的示意图。这种布置方案，相对于其库

表 3-3　所需资料的内容与要求

<table>
<tr><th>用途</th><th>资料项目</th><th>内容与要求</th></tr>
<tr><td rowspan="3">一般</td><td>尾矿量</td><td>(1)选矿厂日尾矿排出量(对分期达到设计规模的选矿厂,应取得各期的日尾矿排出量);
(2)选矿厂生产年限内排出的总尾矿量</td></tr>
<tr><td>尾矿特性</td><td>(1)相对密度(当粗细颗粒相对密度差别显著时,应分别给出);
(2)干相对密度;
(3)颗粒组成(应取得颗粒的逐级颗粒含量,且最大粒径含量不应大于 5%;最小粒级应分析到 5μm 或其含量不大于 10%);
(4)浓度或稠度</td></tr>
<tr><td>选矿
工艺条件</td><td>(1)选矿厂的工作制度及设计生产年限;
(2)尾矿排出口的位置与标高;
(3)选矿生产对尾矿回水水质、水温的要求和最大回水允许量(必要时应做尾矿回水对选矿指标影响程度的试验);
(4)选矿生产过程中尾矿量和尾矿特性可能的波动幅度</td></tr>
<tr><td>考虑尾矿
输送系统
冰冻情况</td><td>矿浆温度</td><td>严寒地区冬季最冷月份选矿厂排出尾矿浆的平均最低温度</td></tr>
<tr><td>考虑尾矿
堆积坝的
稳定性并做
稳定计算时</td><td>尾矿堆物理
力学性质</td><td>(1)尾矿堆抗剪强度(根据设计中采用的不同计算方法取得相应的指标;当采用总应力法计算堆积坝的稳定性时,需用总强度指标;当采用有效应力法时,需用有效强度指标);
(2)安息角(水上和水下);
(3)尾矿的压缩性(最大试验压力应与尾矿总堆积高度时的尾矿土压力相当);
(4)尾矿的渗透性(分别给出水平与垂直渗透系数)</td></tr>
<tr><td>考虑
浓缩回水</td><td>尾矿堆
沉降特性</td><td>对在水中能沉降的一般尾矿:
(1)尾矿的沉降速度(用量筒进行试验时,其高度不应小于 300mm,对于在沉淀过程中澄清界面明显的尾矿浆,要求确定在不同浓度的矿浆中尾矿的集合沉降速度(不少于 5 个不同浓度的矿浆试样;最小浓度与设计给矿浓度相当;最大浓度与自由沉降带最浓层矿浆的浓度相当,后者比设计排矿浓度小一些);对于无明显澄清界面的尾矿浆,要求确定设计最小溢流粒径的自由沉降速度);
(2)不同历时沉淀尾矿的平均浓度;
(3)不同历时澄清水的悬浮物含量</td></tr>
</table>

续表 3-3

用途	资料项目	内容与要求
考虑浓缩回水	混凝沉降试验	对在水中难以沉降的极细尾矿： (1)建议采用的混凝剂种类及投药量； (2)絮凝体的沉降速度或澄清界面的沉降速度； (3)絮凝沉淀物的浓度
考虑尾矿水净化处理	尾矿水的水质	尾矿水中浮选药剂和有害物质的种类与含量或尾矿水的水质分析资料
	卫生试验	尾矿水中个别有害成分对动、植物的危害性
	有害物质净化试验	(1)建议采用的净化工艺流程； (2)采用的净化剂种类及投药比； (3)净化效果

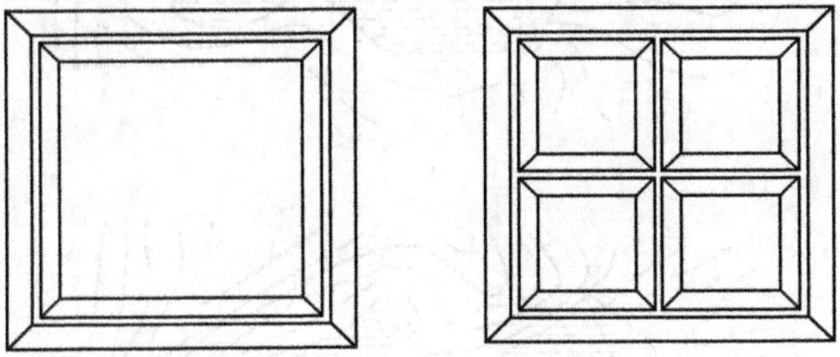

a　　b

图 3-7　环型尾矿库

a—单一尾矿库；b—分块尾矿库

容量而言，其所用筑坝材料量较大。由于尾矿库全封闭，所以消除了来自外部的地表径流量，汇水仅是尾矿库表面直受降雨量。环型尾矿库一般按规则几何图形布置，因此便于采用任意类型垫层。

正如图 3-7 所示，这种尾矿库可以分块并依序构筑和排放，因为渗流量与发生渗流面积成正比，故可以显著地降低渗流量，可以同时进行土地恢复，延迟建设费用，缺点是需要大量筑坝材料，按图3-7b

所示的情况，大约比单一尾矿库所需量多50%。

（2）跨谷型。顾名思义，跨谷型尾矿库是由尾矿坝跨过谷地两侧拦截成尾矿库，布置型式近乎同于普通蓄水坝，如图3-8所示，其可分单一尾矿库（图3-8a）和多级尾矿库（图3-8b），因适用性广泛而为世界所普遍接受。跨谷型尾矿库尽可能靠近流域上游布置，以减少洪水流入量。在采用多级型尾矿库时，最上级尾矿库因容积小而负担洪水压力大，需要精心控制地表水。通常采用山坡引水沟汇集正常条件下径流量，但因谷地坡度较陡可以环库布设大型截洪沟，最好采用蓄积、溢洪或在库上游用控水坝分隔方法处理洪水径流。

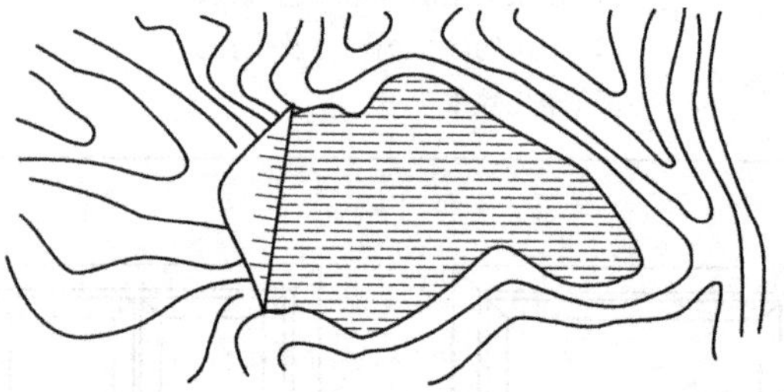

a

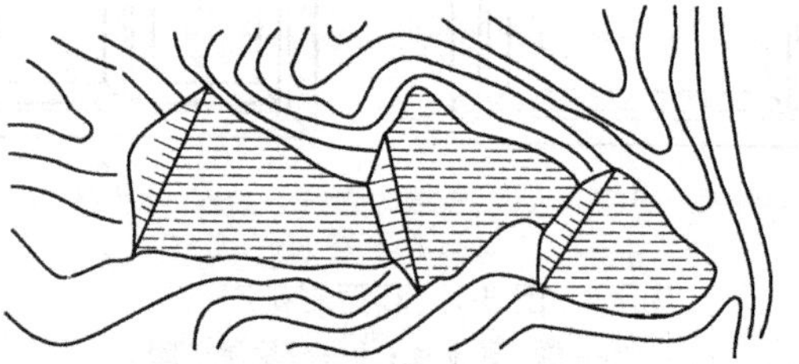

b

图3-8　跨谷型尾矿库

a—单一型；b—多级型

（3）山坡型。图3-9示出山坡型尾矿库布置，库区三面采用尾矿坝封隔，因此，所需筑坝材料量一般比跨谷型布置多。在适于跨谷型布置但不切割排泄水系的场合，例如山前冲积平原上，或者在切割排泄水系会使汇水面积过大的场合，可以采用山坡型尾矿库。最适宜的山坡坡度是小于10%，坡度较陡时，筑坝材料量相对于贮积尾矿量增加过大，并且，如果采用多级坝，上级坝体积占下级库容的很大比例。

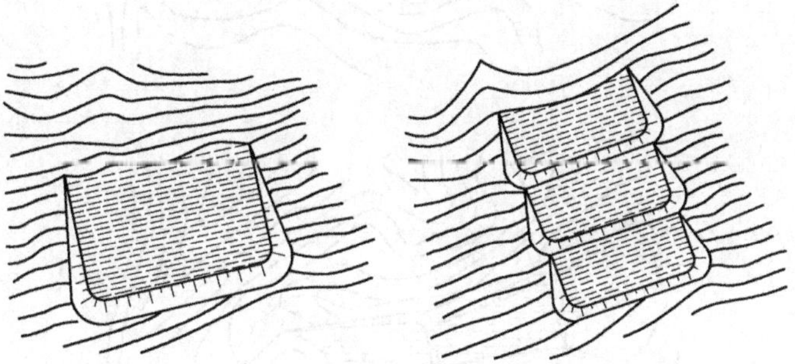

a　　　　　　　　　　b

图 3-9　山坡型尾矿库

a—单一型；b—多级型

（4）谷底型。谷底型尾矿库兼顾跨谷型布置与山坡型布置的特点，如图 3-10 所示，非常适用于跨谷型布置汇水面积太大，山坡型布置坡度太陡的场合。因为是两面筑坝，故所需筑坝材料量亦介于跨谷型和山坡型布置之间。谷底型尾矿库往往采用多级型式（图 3-10b），随着谷底升高，一个压一个地“叠堆”尾矿库，最终达到较大的总库容。

因为谷底型尾矿库多位于较窄的山谷地，往往需要越过原河槽布置，因此，必须绕库设置引水渠道，以输导最高洪峰流量。如果没有足够的空间布置渠道，则需以很高的代价在山谷坡面岩石中开挖较大宽度的渠道。当然，开挖的石料可用作初期坝材料。另外，为防止在预计洪水条件下外坝面发生高速渗流，需要在坝体逐渐升高过程中连续地抛石维护坝下游面，这样，谷底型布置可能不适用于中心线或下游升高方法。

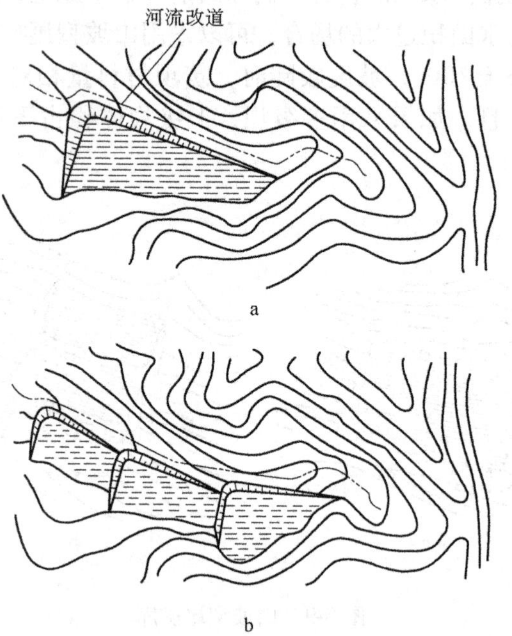

图 3-10　谷底型尾矿库
a—单一型；b—多级型

3.3.2　尾矿坝

尾矿坝是指贮存尾矿和水的尾矿库外围坝体构筑物。尾矿坝坝型可分为两大类：

一类是初期坝，用当地土、石材料筑成，后期坝用尾矿筑成。初期坝可做成透水坝（有利于尾矿排水固结，近年来采用较多），也可做成不透水坝（国内早期采用较多）。后期坝一般采用上游法筑坝，如弓长岭矿前峪尾矿坝、杨家杖子尾矿坝、大吉山矿尾矿坝、齐大山矿周家沟尾矿坝、南芬小庙沟尾矿坝、攀枝花马家田尾矿坝、日本明延矿间步谷尾矿坝、日本生野矿大仙谷尾矿坝。在地震较多的国家（如日本、智利等）常采用下游法筑坝，如加拿大勃伦达尾矿坝、法国拉冈蒂勒尾矿坝、日本足尾矿簀子桥尾矿坝、日本尾去泽矿松子泽尾矿坝、日本洪午矿洪午泽尾矿坝、日本明延矿乌奥尾矿坝、日本桢峰矿管原尾矿坝，或者中间加高法筑坝，如西德某尾矿坝、加拿大吉布兰塔尾矿坝。

另一类是整个坝体全用当地土、石材料筑成，如凡口矿尾矿坝、八一凤凰矿尾矿坝。为了延缓投资，此类坝型也可分期修筑。

后一类坝型仅用于尾矿颗粒很细不能用于筑坝的情况，或采场有大量的废石可用尾矿库作废石堆场的情况；前一类坝型采用较广。

初期坝是在基建时期由施工单位负责修筑的，而后期坝通常是由生产单位在整个生产过程中逐年修筑的。因此，尾矿坝的设计不但要选择合理的初期坝坝型，做好初期坝的设计，更重要的是根据尾矿特性、坝址地形地质条件、地震烈度、气候条件、施工条件和生产特点等因素选好尾矿坝的整体坝型，做好整体坝的设计，确保整体坝的稳定与安全。

国内外一些尾矿坝的实例见表3-4和表3-5。

3.3.2.1 初期坝

A 坝址选择原则

（1）坝轴线短，土石方工程量少，后期尾矿堆坝工作量小。

（2）坝基处理简单，两岸土坡稳定，尽量避开溶洞、泉眼、淤泥、活断层、滑坡等不良地质构造。

（3）最小的坝高能获得较大的库容。在矿山主体工程基建期间，同时在尾矿坝址用土、石等材料修筑成的坝体称为尾矿库的初期坝，用以容纳选矿厂生产初期0.5～1年排出的尾矿量，并作为后期坝的支撑及排渗棱体。

B 初期坝的构造

（1）坝顶宽度。为了满足敷设尾矿输送主管、放矿支管和向尾矿库内排放尾矿操作的要求，初期坝坝顶应具有一定的宽度。一般情况下坝顶宽度不宜小于表3-6所列数值。当坝顶需要行车时，还应按行车的要求确定。生产中应确保坝顶宽度不被侵占。

（2）坝坡。坝的内、外坡坡比的确定，应通过坝坡稳定性计算来确定。土坝的下游坡面上应种植草皮护坡，堆石坝的下游坡面应堆砌大块石护面。

表 3-4　矿坝一览表（国内一些尾矿坝）

厂矿名称	初期坝			后期堆积坝				备　注
	坝　型	高×长 /m×m	内外坡	堆积外坡	排　渗	坝高/m 设计	坝高/m 已达	
弓长岭	均质土	18×200	2.5	1∶4～5	d200mm 排渗管	80	49	
寿王坟	均质土	18×330	2.5	1∶5	导渗沟	55	已满	
大吉山	均质土	18×103	3/2.5	1∶5	设计渗管，施工一个	37	51	1973 年发现初期坝顶渗水，后加坡面排渗
杨家杖子	干砌石	15×146	0.5/1.5	1∶6	无	70	59	
铜官山（响水冲）	干砌石	15×125	0.7/1.2	1∶4	无	39	35	因排水井事故，早已停用
锦　屏	均质砂黏土	12×1200	2.5	1∶1.4	无	31.5	26	初期坝顶渗水，不敢提高库水位
桃　林	砂黏土	17×230	3/2.5	1∶5	排渗管	41	37	
德　兴	均质土	15×110	2.5	1∶6	无	72	46	
天宝山（立山选厂）	干砌石	11×183	0.6/1.0	1∶3.1	无		45	
五　龙	均质土	6.5×110	1.5/2.0	1∶3	无	42.8	26.7	初期坝后加高 5.5m，用旋流器分级尾矿筑坝
铜陵狮子山	均质土	12.5×215.5	2.5	1∶4	贴坡滤层	57	36	

续表 3-4

厂矿名称	初期坝			后期堆积坝				备　注
	坝　型	高×长 /m×m	内外坡	堆积外坡	排　渗	坝高/m		
						设计	已达	
大屯（官家山）	均质土	8×270	2.5~3.0	1∶3.5	底部渗管	33	15	初期坝顶有渗水
闲林埠	均质土	12×85	2.5	1∶5	渗管	49	20	
凹　山	风化石料、透水	13×400	2.25/2.0	1∶5	渗管	70	20	
攀枝花（马家田）	混合堆石、透水	35.5×100	1.75~2/1.75	1∶6	底部排渗，未施工	205	45	初期坝用定向爆破施工
南芬（小庙沟）	混合堆石、透水	22.5×176	2.0	1∶5~6	渗管，未施工	120	68	
歪头山	风化砂料、透水	11×500	2/2.5	1∶5		90	18	
东鞍山（果子园）	混合砂砾石、透水	24×200	2/2~2.5	1∶5		120		尚未投入使用
大　厂	堆石、透水	22×120	1.7/1.6	1∶5		101		尚未投入使用
凡　口	均质土	23.7×140	3/2.5	—	—	22	22	一次建坝
凤凰山（林冲）	堆石、透水	27×220	1.6/2.0	—	—	26	已满	一次建坝、后在沉积滩上加筑土坝，76 年筑高 5m
八一凤凰矿	土	23×120	2.5~3/2~2.5	—	贴坡滤层	21	已满	一次建坝
东鞍山	均质土	9×650	2.5	—	—	44	47	1968 年尾矿堆坝坝高 40m 时改用废石筑坝
大孤山	均质土	18×238	2.5	—	—	45	45	准备用废石再加高 30m

表 3-5　矿坝一览表(国外一些尾矿坝)

厂名(国家)	初期坝			后期堆积坝			投产年份	备　注
	坝　型	高/长/m	内外边坡	坝高/m	边坡	堆坝方法		
克立麦克斯(美国)	土坝	10.5/160	2.5	150	1∶3～4	上游法	1958	
姆福里拉(赞比亚)	堆石、透水	33/			1∶2	上游法		后期坝外坡形成台阶并加反滤层
卡德扎兰(前苏联)	堆石、透水	10/	1.75/2	100	1∶2.5～6	上游法		
阿巴库尔斯克(前苏联)	砂砾料、渗水	4/2300	1.5/2		1∶2	上游法	1958	
列宁格尔斯克(前苏联)	亚黏土	12/100		55/40	下部1∶1 上部1∶6～8 平均1∶4	上游法		堆积坡1∶1，塌陷渗水，1969年废石加固
阿加拉客(前苏联)	砾卵石、透水	20/	1.3	140/53	1∶3～4	上游法	1963	
拉冈蒂勒(法国)				60	1∶4	下游法	1968	
勃伦达(加拿大)	上游斜墙堆石，下游堆石、透水	40.5/52.5/920	2.75/1.5	122	1∶3/1∶4	下游法	1968建，1970投产	1970年洪期危急，加高上游坝4.6m，1971年又加高4.6m
玛格玛10号坝(美国)	土坝	/4500	1∶1.5	79	1∶3	上游法		
吉布兰塔(加拿大)	土坝	30/	1∶2	91		中间法	1972	
某尾矿坝(德国)	土坝	25/300	1∶2	60/40	1∶2	中间法	1965	
克奈克坝(英国)	砂石、透水	18/	1∶1	91	1∶1.75	下游法		

表 3-6 初期坝坝顶最小宽度

坝高/m	<10	10~20	20~30	>30
坝顶最小宽度/m	2.5	3.0	3.5	4.0

（3）马道。当坝的高度较高时，坝体下游坡每隔 10~15m 高度设置一宽度为 1~2m 的马道，以利坝体的稳定，方便操作管理。

（4）排水棱体。为排出土坝坝体内的渗水和保护坝体外坡脚，在土坝外坡脚处设置毛石堆成的排水棱体。排水棱体的高度为初期坝坝高的 1/5~1/3，顶宽为 1.5~2.0m，边坡坡比为 1∶1 ~ 1∶1.5。

（5）反滤层。为防止渗透水将尾矿或土等细颗粒物料通过堆石体带出坝外，在土坝坝体与排水棱体接触面处以及堆石坝的上游坡面处或与非基岩的接触面处都须设置反滤层。

早期的反滤层采用砂、砾料或卵石等组成，由细到粗顺水流方向铺设，反滤层上再用毛石护面。因对各层物料的级配、层厚和施工要求很严格，反滤层的施工质量要求较高。现在普遍采用土工布（又称无纺土工织物）作反滤层。在土工布的上下用粒径符合要求的碎石作过滤层，并用毛石护面。土工布作反滤层施工简单，质量易保证，使用效果好，造价也不高。

初期坝的坝型可分为不透水坝和透水坝。

不透水初期坝。用透水性较小的材料筑成的初期坝，因其透水性远小于库内尾矿的透水性，不利于库内沉积尾矿的排水固结。当尾矿堆高后，浸润线往往从初期坝坝顶以上的子坝坝脚或坝坡逸出，造成坝面沼泽化，不利于坝体的稳定性。这种坝型适用于不用尾矿筑坝或因环保要求不允许向库下游排放尾矿水的尾矿库。

透水初期坝。用透水性较好的材料筑成的初期坝，因其透水性大于库内尾矿的透水性，可加快库内沉积尾矿的排水固结，并可降低坝体浸润线，因而有利于提高坝体的稳定性。这种坝型是初期坝比较理想的坝型。透水初期坝的主要坝型有堆石坝或在各种不透水坝体上游坡面设置排渗通道的坝型。初期坝具体有以下几种坝型：

（1）透水堆石坝。由堆石体及其上游面的反滤层和保护层构成，因其透水性能好，故可降低尾矿坝的浸润线，加快尾矿固结，有利于尾矿坝的稳定。一般坚硬的花岗岩、正长岩、辉长岩、闪长岩、斑岩、辉绿岩、石英岩、硅质砂岩、密度大的石灰岩等均可用于筑坝；页岩、泥灰岩、角砾岩等岩石不适于筑坝。堆石坝筑坝石料，按其上坝部位不同有不同的要求，对于浸润线以下部分的石料要求如下：

1）坝高大于15m时，石料的极限抗压强度一般要求不小于$400kg/cm^2$；

2）石料的块度及块度组成，应根据坝高、石料质量及施工等因素决定，一般堆石中小于2cm颗粒含量不应超过5%。堆石孔隙率n要求：坝高$H>15m$，$n\leqslant35\%$；$H\leqslant15m$，$n\leqslant40\%$；干砌石：$n=25\%\sim30\%$；

3）软化系数不低于0.8～0.9；

4）莫氏硬度不低于3；

5）对于干砌石要求方平，最小边长不小于0.2m，长短边之比不超过3～4。

当采矿有足够的合乎要求的废石，且运距较近时，应优先考虑采用。如凤凰山林冲尾矿坝，基建期有采矿废石十万方，运距约1.5km，废石主要为大理岩和角砾状大理岩，其他尚有少部分风化辉绿岩，遇水即变成软泥状，施工时尽量除去，共利用废石约5万方。为便于施工，石料块度不作具体限制，原则上要求大于10cm，堆石孔隙率为35%。

又如日本某尾矿初期坝，使用坑内块度为5～600mm的废石，主要为石墨千枚岩，其他尚含有少量的变质辉岩、石灰岩，风化较少，硬度大。初期坝外坡1∶1.7，内坡1∶1.3。

当尾矿库附近没有足够的筑坝石料时，还可利用风化料（放在坝体下游浸润线以上部分），做成混合式坝型。如南芬小庙儿沟、本钢歪头山及东鞍山果子园西沟、南峪沟尾矿坝等。

（2）不透水堆石坝。不透水堆石坝的试用条件为：

1）尾矿不能堆坝，并由尾矿库后部放矿经济时；

2）尾矿水含有有毒物质，须防止尾矿水对下游产生危害时；

3）要求尾矿库回水，而坝下回水不经济时。

尾矿不透水堆石坝的防渗斜墙可用黏土斜墙和沥青混凝土斜墙。前者的优点是具有良好的塑性，较能适应坝的不均匀沉陷，便于就地取材，节省投资。

黏土斜墙的构造要求：

1）在上游坡产生变形时，斜墙应保持不透水；

2）斜墙与堆石体之间，应铺设由砾石、碎石或细石铺成的过渡层；

3）斜墙断面应自上而下逐渐加厚，当用壤土或重壤土修筑斜墙时，其顶部厚度（垂直于上游坡面方向的厚度）应不小于表3-7中所列数值；底部厚度不得小于水头的1/10，并不得小于2m。斜墙厚度初步选定后应根据允许渗流量和渗透坡降计算确定；

表3-7 斜墙顶部厚度

坝体材料	坝高 >50m	坝高 30 ~ 50m	坝高 <30m
砂　土	1.0	0.75	0.5
砾石或块石	3.0	2.5	2.0

4）在正常运用条件下，斜墙顶在静水位以上的超高，应不小于表3-8中规定的数值；在非常运用条件下，斜墙顶不得低于非常洪水位；

表3-8 斜墙顶超高表

坝的级别	Ⅰ	Ⅱ	Ⅲ	Ⅳ、Ⅴ
超高/m	0.8	0.7	0.6	0.5

5）土质斜墙上游必须设置砂土或砂砾石的保护层，保护层的外坡坡度应根据稳定计算确定，一般可取为1∶2.5 ~ 1∶3.0；

6）当地基为透水层时，斜墙应嵌入不透水层、或做铺盖延长渗径；

7）斜墙应放在用大石块精细地干砌起来的块石层上面，块石间的大孔隙用碎石填充，其孔隙率不大于20% ~30%。

（3）定向爆破筑坝。定向爆破筑坝在一定的地形、地质条件下是一种多快好省的筑坝方法，尤其适用于修建不设防渗体的堆石坝。它可以节省劳力和投资，加快矿山建设，因而在尾矿工程中也得到应用。

定向爆破筑坝的基本原理是利用炸药在岩土内爆炸时，岩土的主要抛掷方向系沿着最小抵抗线的方向（即从药包中心到临空面最短距离的方向）抛出的物理现象，把大量土石按指定的方向搬移到预定的位置上去，并使其堆积成所需的坝体形状。

采用定向爆破筑坝的技术条件为：

1）河谷狭窄，岸坡陡峻（要求在45°以上）；

2）爆破岸山体有一定高度和厚度：山体高度在单岸爆破时应大于坝高的2 ~2.5倍，双岸爆破时应大于坝高的1.5 ~2.0倍；山体厚度应大于坝高的2 ~2.5倍；

3）爆破岸有一定长度的平直段，最好是有天然的凹形地面。

采用定向爆破筑坝的地质条件为：

1）岩性均一，岩石裸露，覆盖层较薄，岩石适于做坝体材料；

2）地质构造简单、稳定（断层、破碎带、大裂隙少，无滑坡等不良地质构造）。

采用定向爆破筑坝的整体布置与施工条件为：

1）考虑排水涵管、泄洪隧洞的布置使其处于爆破危险范围以外；

2）考虑导硐开挖与装药、堵塞作业的施工条件。

（4）土坝。土坝造价低、施工方便，在缺少砂石料地区是常用的坝型。由于土料的透水性较尾矿差，当尾矿堆积坝达一定高度时，浸润线往往从堆积坝坡逸出，易造成管涌，导致垮坝事故。为此必须切实做好土坝的排渗设施，以降低尾矿坝的浸润线。近年来，在工程设计中出现了适于尾矿堆积坝排渗的土坝新坝型，如易门狮子山、牟定等尾矿坝（见表3-9）。

（5）风化料筑坝。风化料筑坝容易压实，可充分利用开挖弃渣或当地材料，有时可取得节省劳动力、降低造价的效果。

表 3-9 土坝工程实例表

工程名称	最大坝高/m	坝长/m	主要物理力学指标	坝工程量/万 m^3	坝型
易门狮子山	16	122	含水量 $\omega = 14\% \sim 15\%$ 干容重 $\gamma_g = 1.85 t/m^3$	土方：6.0 石方：1.3	均质土坝
牟 定	27.5	60	$\omega = 21\%$ $\gamma_g = 1.61 t/m^3$	4.0	均质土坝
凡 口	23.7	140	$\omega = 20\%$ $\gamma_g = 1.60 t/m^3$	—	不透水亚黏土均质坝
上 厂	25	120	$\omega = 26\% \sim 30\%$ $\gamma_g = 1.5 t/m^3$	土方：8.5 石方：5.2	不透水黏土均质坝

3.3.2.2 后期坝

尾矿库应尽量利用尾矿冲积筑坝。如果尾矿库距采矿场较近，利用采矿废石筑坝并兼作废石堆场也是可行的。当尾矿不能堆坝而用废石筑坝又不经济时，也可采用当地其他材料加高后期坝。

A 尾矿水力冲积坝

为使尾矿冲积坝（尤其是边棱体）有较高的抗剪强度，要求各放矿口冲积粒度一致，并使冲积滩上无矿泥夹层。为此应做到：

(1) 筑坝期间一般采用分散放矿，矿浆管沿坝轴线敷设，放矿支管沿坝坡敷设，随筑坝增高而加长。在库内设集中放矿口，以便在不筑坝期间、冰冻期和汛期向库内排放尾矿。

(2) 在冰冻期一般采用库内冰下集中放矿，以避免在尾矿冲积坝内（特别是边棱体）有冰夹层或尾矿冰冻层存在而影响坝体强度。

(3) 每年筑坝高度要适应库容的要求，充分利用筑坝季节，严格控制干滩长度，以保证边棱体强度。

(4) 尾矿冲积坝的高程，除满足调洪、回水和冰下放矿要求外，还应有必要的安全超高。

尾矿水力冲积坝筑坝方法主要有五种：

(1) 冲积法。一般用斜管分散放矿（小厂矿可用轮流集中放矿），用人工或机械筑子坝向坝内充填，冲积法筑坝示意见图 3-11。冲积法筑坝一般可分为冲积段、准备段、干燥段交替进行。采用此法者有南芬、官家山等。

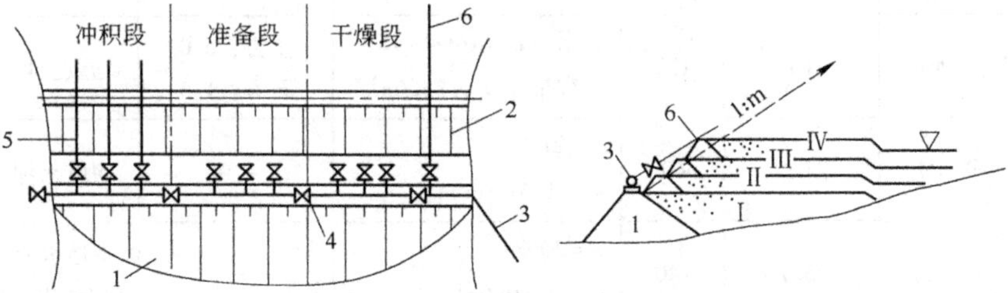

图 3-11　冲积法筑坝示意图

1—初期坝；2—子坝；3—矿浆管；4—闸阀；5—放矿支管；
6—集中放矿管；Ⅰ ~ Ⅳ为冲积顺序

（2）池填法。池填法筑坝平面图如图 3-12 所示，池填法筑坝断面图如图 3-13 所示。

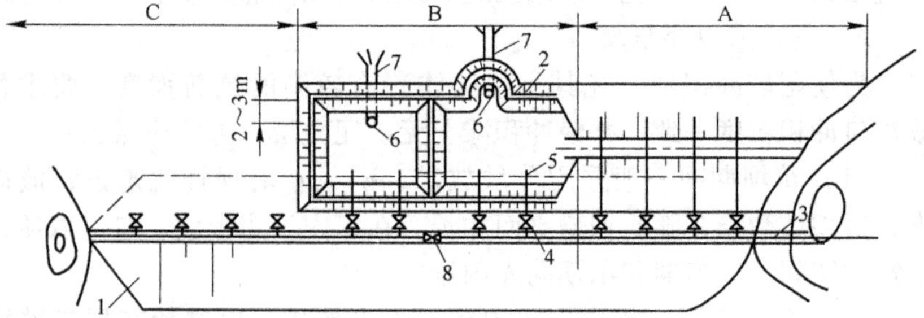

图 3-12　池填法筑坝平面图

A—干燥段；B—筑坝段；C—准备段

1—初期坝；2—围埝；3—矿浆管；4—放矿口阀门；5—放矿支管；
6、7—溢流口及溢流管（可采用其中一种）；8—闸阀

由尾矿量决定一次筑坝长度，根据上升速度和调洪要求确定子坝高度，内外坡应根据稳定及渗流稳定计算确定。筑子坝步骤如下：

1）在一次筑坝区段上分几个小池，近方形，池边长 30 ~ 50m 左右；

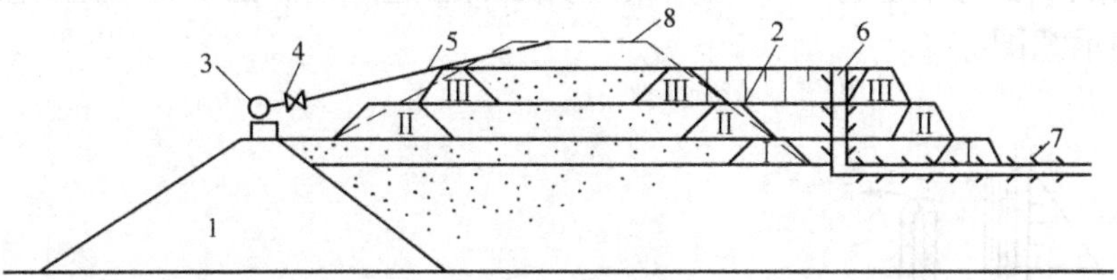

图 3-13 池填法筑坝断面图

1—初期坝；2—围埝；3—矿浆管；4—放矿口阀门；5—放矿支管；6、7—溢流口及溢流管（钢制、回收）；8—子坝轮廓；Ⅰ、Ⅱ、Ⅲ—围埝顺序

2）用人工或机械筑围埝，埝高 0.5～1.0m，顶宽 0.5～0.8m，边坡 1∶1 左右（亦可用挡板代替筑围埝）；

3）安设溢流管，溢流管一般用陶土管（不回收）或钢管（回收），溢流口可设在子坝中心（双向充填时）或靠近里侧围埝 2～3m 处设置（单向充填时），钢管多设在坝外 2～3m，便于回收，溢流管顶口低于埝顶 0.1～0.2m；

4）采用分散放矿向池内充填，粗粒于池内沉积，细粒随水一起由溢流管排往库内。当充填至埝顶时，停止放矿，干燥一段时间，再筑围埝，重复上述作业直至达到要求的子坝高度。

采用此法筑坝的有弓长岭、齐大山等。

（3）渠槽法。单渠槽法筑子坝示意见图 3-14。

渠槽法是在尾矿冲积坝体上，平行坝轴线用尾矿堆筑两道高 0.5～1.0m 的小堤，形成渠槽；根据矿浆量、放矿方法和子坝的断面尺寸可选择单渠槽、双渠槽、多渠槽等。由一端分散放矿（尾矿量小也可集中放矿），粗砂沉积于槽内，细泥由渠槽另一端随水排入尾矿库内。当冲积至小堤顶时，停止放矿，使其干燥一段时间，再重新筑两边小堤，放矿、冲积直至达到要求的断面。天宝山、老厂背阴山冲等采用此法。

（4）采用水力旋流器分级的上游法筑坝。对于细颗粒尾矿，为提高坝壳粒度常采用此法。我国五龙、通化均已采用。五龙尾矿粒度细，$d_P = 0.032$mm，-0.074mm 占 91.6%，采用水力旋流器用上游法筑坝，每年上升 0.6 ~ 0.7m，坝高现已达 27m。图 3-15 为五龙筑坝示意图。

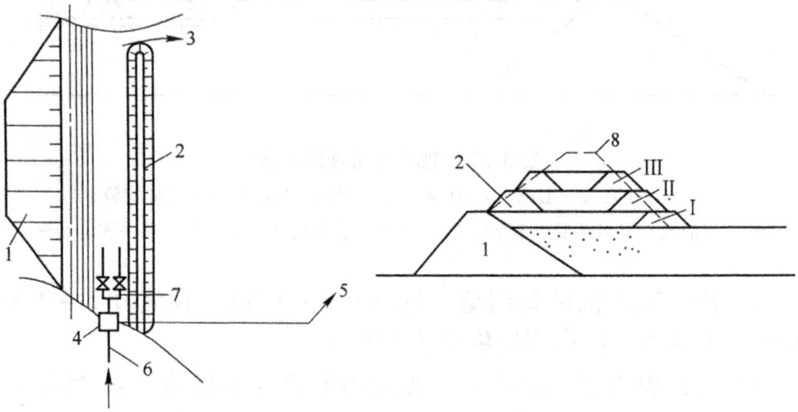

图 3-14　单渠槽法筑子坝示意图

1—初期坝；2—小堤；3—溢流口；4—分级设备；5—放矿管；6—矿浆管；7—粗砂放矿管；8—子坝筑成轮廓

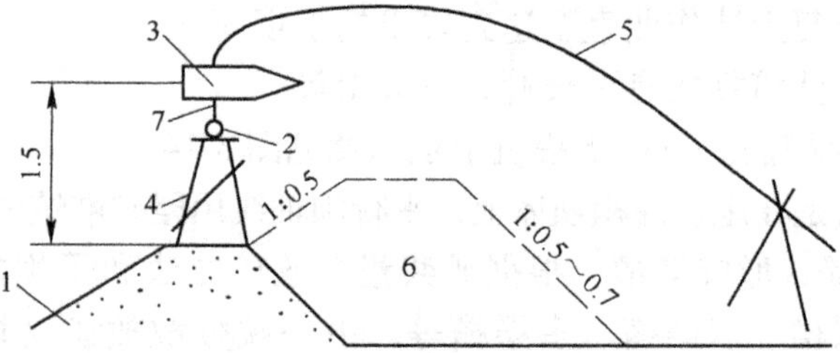

图 3-15　五龙筑坝示意图

1—前期子坝；2—d150mm 输送管；3—ϕ200mm 水力旋流器；4—木支架；5—胶溢流管；6—新筑子坝；7—d50mm 支管

（5）尾矿分级下游法筑坝。用旋流器或其他分级设备将尾矿分级，高浓度粗砂用于下游筑坝，溢流部分可形成冲积滩和充填尾矿库。例如，加拿大的勃伦达坝筑坝如图 3-16 所示。智利西威尔选厂肯顾纳斯坝筑坝如图 3-17 所示，用两个分级池分级，粗砂用砂泵送往下游充填筑坝，细泥排入尾矿库并形成冲积滩。

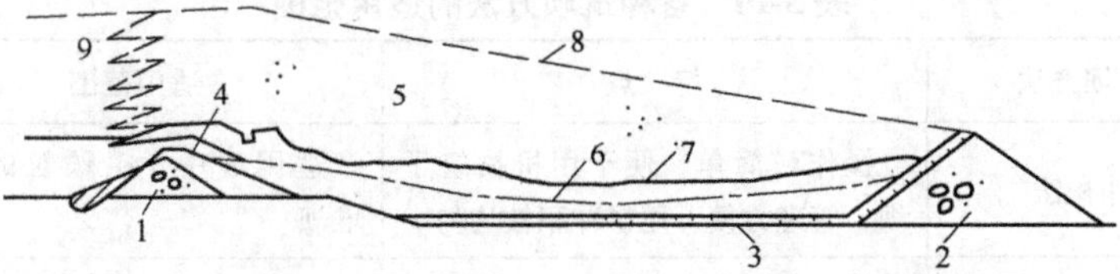

图 3-16 勃伦达坝筑坝示意图

1—上游主坝；2—下游主坝；3—排渗；4—子坝（1970～1971 年）；5—旋流尾砂；6—1970 年 10 月砂面；7—1972 年 8 月砂面；8—终期坝面线；9—矿泥

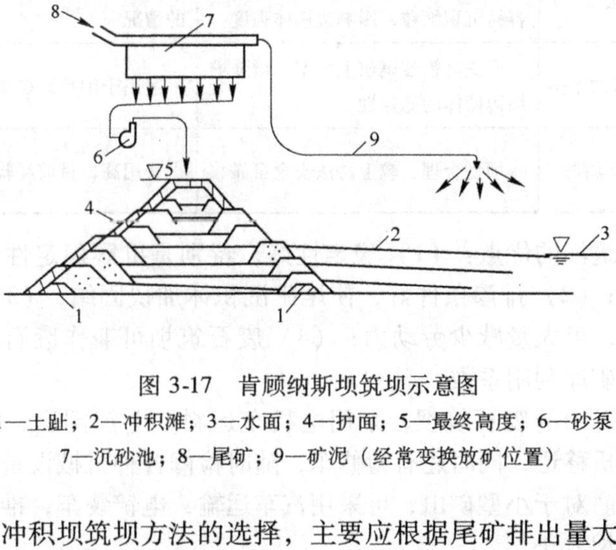

图 3-17 肯顾纳斯坝筑坝示意图

1—土趾；2—冲积滩；3—水面；4—护面；5—最终高度；6—砂泵；7—沉砂池；8—尾矿；9—矿泥（经常变换放矿位置）

尾矿冲积坝筑坝方法的选择，主要应根据尾矿排出量大小、尾矿粒度组成、矿浆浓度、坝长、坝高、年上升速度以及当地气候条件（冰冻期及汛期）等因素决定。各种筑坝方法的适用范围见表 3-10。

B 废石筑坝

废石是由各种岩石成分组成的，且块度极不均匀。如大孤山废石由花岗岩、玢岩、千枚岩，绿泥片岩、黏土、砂等组成。废石的堆积相对密度与岩性、级配有关，一般平均为 2.0t/m^3 左右。废石的自然堆积角，是设计采用废石内摩擦角的依据，与岩性、颗粒组成等因素有关，一般由实地测量取得。如大孤山废石 30°30′ ~ 41°，东鞍山废石 34° ~ 40°。

表 3-10　各种筑坝方法的适用范围

筑坝方法	特　点	适用范围
冲积法	操作较简单，便于用机械筑子坝，管理方便，尾矿冲积较均匀	适用于中、粗颗粒的尾矿堆坝
池填法	人工筑围埝的工作量大、上升速度快	适用于尾矿粒度细、坝较长、上升速度快且要求有较大调洪库容的情况
渠槽法	人工筑小堤工作量大，渠槽末端容易沉积细粒，影响边棱体强度	适用于坝体短、尾矿粒度细的情况
尾矿分级上游法	可提高粗粒尾矿上坝率，增强堆坝边棱体的稳定性	适用于细粒尾矿筑坝
尾矿分级下游法	坝型合理，较上游法安全可靠	费用高，目前经验尚少

废石筑坝的优点：（1）稳定性好，特别是抗震稳定性比尾矿堆坝好得多；（2）排渗条件好，使尾矿沉积体加快固结；（3）便于机械化施工，可大量减少劳动力；（4）废石筑坝可兼作废石堆场，并可增加尾矿库利用系数。

大型矿山的废石筑坝，采用电机车运料，电铲倒运，平土犁平土，移道机移道，同时还有检修车，随时检修各种机械设备，如大孤山尾矿坝。对于小型矿山，可采用汽车运输，电铲装车，推土机平整压实的筑坝方法。

C　尾矿堆积坝

尾矿堆积坝坝体构造有：

（1）坝顶宽度。根据筑坝机械、管道设备及操作要求确定。

（2）坝坡。外坡应由稳定计算确定，Ⅳ、Ⅴ级尾矿冲积坝也可根据经验确定。下游法筑坝的内坡安全系数可按次要构筑物选用，对于高坝的坝坡可自上而下分段变缓。

（3）马道。在坝坡上每隔 10 ~ 20m 高差应设置一条马道，最小宽度 3 ~ 5m。

（4）护坡。为防止雨水、渗流冲蚀以及粉尘飞扬，可在坝坡上覆盖废石或山坡土厚 0.2 ~ 0.3m；也可种植草或灌木（当尾矿较粗时，应先铺 0.2 ~ 0.3m 厚的腐殖土层）。

（5）截水沟。为防止山坡和坝坡雨水对坝肩及坝面的冲刷，应设截水沟，一般采用砖石或混凝土结构。

3.4 尾矿的动力特性及坝体稳定性分析

未经坝体在各种荷载条件下的稳定性分析和状态评价，只能视作假定的或试验的坝体轮廓设计，还不能算尾矿坝工程设计的完成。

坝体稳定性分析的目的是验证各种试验边坡轮廓形状和内部分带条件下坝体的安全系数或破坏概率，以决定或重新设计坝体结构和几何参数。尾矿坝边坡稳定性分析是以总体上定量评价和预测坝体的工作状态，其在尾矿坝设计和管理中占有重要位置，也正是由于人们的重视，促使稳定性分析方法有了很大的发展。坝体稳定性分析包括静力稳定性分析，重点考虑坝体渗流和孔隙压力因素，以及动荷载条件下的坝体稳定性分析方法。

3.4.1 尾矿坝地下水渗流场分析

尾矿库工程的最突出特点是，地下水渗流状态排它地成为控制坝坡稳定性和污染物迁移的决定性因素。因此，尾矿库地下水渗流状态的可靠分析与评价是尾矿库工程研究的关键。

渗流分析的主要目的有二：一是为了估计孔隙压力，为稳定性分析提供输入数据，一般假设尾矿坝内渗流是在重力流动、稳态条件下发生的；二是为了确定尾矿库渗漏损失，以预测污染潜势，需要进行非稳态、瞬态或非饱和渗流评价，非饱和渗流是在毛细作用而不是在重力梯度下发生的。

在稳态重力渗流假定的条件下，确定坝内地下水位（或顶面流线）可以得到稳定性分析所必需的孔隙压力分布。确定地下水位的最普通方法是流网分析。根据 Darcy 定律和 Laplace 方程推导的基本流网原理通常适用于普通水坝，如果考虑到边界条件的差异，也可以应用到尾矿坝。

另外也可使用二维有限元方法对坝体渗流状态进行分析。其基本原理为：对于渗流区域内中任一单元体积，按照质量守恒原理，在很短的时间内，进入单元体积的净流量与体积流量（在渗流场中补给源为正值，排泄流为负值）的代数和，应等于同一期间内单元体积的质量变化。

在实际应用中，确定尾矿坝内地下水位的方法，无论是流网法，还是有限元法，都是假定坝内渗流受重力梯度支配的，渗流源是沉淀池。但是，在某些场合，这些假定需经严格检验。研究表明，快速沉积（大于5～100m/a）的尾矿泥，渗流可能受其固结引起的梯度而不是重力流动引起的梯度控制。这里，坝内孔隙压力的分布必须根据固结理论确定。此外，坝上游旋流筑坝，通常是旋流器底渗水，而不是穿过坝的渗流水控制地下水位，如此等等。为了提供可靠的输入数据，必须深入了解、考虑各种类型尾矿坝的各向异性、非均质性和边界条件影响。

3.4.2　孔隙压力与超孔隙压力

Terzaghi（约1920年）发现有效应力原理，这标志着近代土力学的开始，从而揭示出孔隙压力和超孔隙压力在土力学问题中的非常重要性。孔隙压力与超孔隙压力是两个不同的概念，前者是由于浸没或渗流引起的，对于任一已知边界条件的给定问题，可以采用流网或数值分析方法求解；后者是由于加荷或卸荷引起的瞬态孔隙压力变化。对于大多数低渗透性土体，在孔隙水排出和迁移过程中，超孔隙压力消散发生滞后。当超孔隙压力未完全消散时，有效应力或颗粒间应力增大或降低，取决于超孔隙压力的降低或增大。有效应力控制抗剪强度，因此，超孔隙压力在评价短期条件（施工期）和长期条件的稳定性时是非常重要的。在软黏土基础上初期坝施工，在基础内产生正的超孔隙压力，因此，施工刚一结束，孔隙压力是高的，而抗剪强度和安全系数是低的，随着时间的推移，孔隙压力将消散，强度和安全系数将提高。其效应与黏土内开挖边坡相反，后者相当于应力解除，并引起开挖结束瞬间的孔隙压力解除，从而，抗剪强度和安全系数是高的，随着时间推移，逐步达到孔隙压力平衡，抗剪强度和安全系数则降低。孔隙压力达到平衡的时间随土体渗透系数的降低而增长。

尾矿坝稳定性分析中可能出现三种基本的孔隙压力问题：

第一种是初始静孔隙压力，其衍源于稳态渗流，它的存在与作用在坝体上的任何外部荷载无关。精确地确定静孔隙压力需要根据完整流网分析等势线或有限元分析的压力分布图，而通用的近似方法是：特定点的孔隙压力以其在地下水位以下深度表示。

第二种是初始超孔隙压力，是由于均匀快速荷载作用产生的，例如，快速升高的上游坝，当后期坝升高速度超过尾矿固结过程消散孔隙压力的能力时，便可能发生这种条件。为建模目的，常假设升高增量是同时施加的，当荷载作用时，荷载增量所施加的总应力是由孔隙压力传递的。还应指出，产生初始超孔隙压力的类似条件是出现在软黏土基础材料内部。

第三种是剪切作用产生的空隙压力，相对于尾矿排水和孔隙压力消散特性，剪应力迅速发生变化而引起的，通常叫做不排水加荷。

尾矿基本上是无黏结力材料，快速施加的剪切应力是否产生孔隙压力取决于尾矿的渗透性和密度（或孔隙比），粗粒透水材料在剪切作用下所产生的孔隙压力可能与加荷同时消散，而压密材料在剪切过程中的剪胀性可能产生负的孔隙压力，其在稳定性分析中常被忽略。分析中最令人困惑的条件是疏松的细粒材料，在这种情况下，剪切应力的快速变化可能在剪切过程中产生很大的孔隙压力，因为它没有机会在快速剪切中消散。剪切应力变化引起的这种孔隙压力不一定受限于所施加的荷载，例如，坝趾材料搬移引起的卸荷可能使剪切应力改变，从而助长孔隙压力产生。

在这三种起因孔隙压力应用于稳定性分析时，可能是叠加的。初始孔隙压力可能起因于静孔隙压力以及先前施加的均匀荷载产生的超孔隙压力。然后，如果假定边坡为旋转破坏，且破坏是由于外部荷载快速变化而引起的，那么，剪切作用也能产生孔隙压力，并应把它加到上述其他起因的孔隙压力上。

3.4.3 边坡稳定性分析

基于尾矿坝几何形态和结构设计，以及强度特性，地下水条件和孔隙压力特性，便可以进行尾矿坝边坡静力稳定性分析。

尾矿的性态极为复杂，分析条件很少是常规的，然而，由于尾矿坝技术起步较晚，至今并未形成自身的独立分析体系，均沿用土力学的传统分析方法，采用传统的边坡稳定性分析方法应用于尾矿坝。

传统上，采用原本为自然边坡和普通水坝边坡分析研制的方法进行尾矿坝稳定性分析。这些方法应用于下游型尾矿坝分析。从本质上或真确性上讲，几乎没有什么差异，而当应用于水力沉积的尾矿所构成的尾矿坝（特别是上游坝，在一定程度上的中心线坝）分析时，则需特别谨慎，需注意了解尾矿的复杂性态变化。

这些分析方法即便是应用于普通水坝，也必须看作部分经验性的。虽然这些分析方法考虑了坝体边坡的实际性态，但其应用的真正理由仍在很大程度上包含有对实际观察结果的信赖，因为按照一定的传统方法，所分析的坝体在大多数情况下是稳定的，而不这样分析坝的稳定性就会产生疑虑。从一定程度上讲，这些分析方法已变成某种工程风俗，尾矿坝设计借以世世代代传用这些技术，尽管不断完善，但其本质没有实质性变化。

这并不是说常规的边坡稳定性分析方法对尾矿坝没有真确性，相反地，尾矿坝更加迫切地需要严密的稳定性分析，因为，不可能总是按照与普通水坝同样保守性进行尾矿坝设计。然而，如果不充分评价传统分析方法的由来和假设，就分析模型与实际边坡状态之间的关联而言，对尾矿坝可能比对普通水坝更薄弱。边坡稳定性分析方法合理地应用于尾矿坝的核心是构成坝体的尾矿性态和强度特性的评价。经验表明，边坡稳定性分析中，由于计算方法本身固有的近似性原因，来自输入数据的误差比计算方法产生的误差更大。

边坡稳定性计算的极限平衡方法都假定潜在破坏面限定的材料作刚体滑动，而忽略了滑体材料内部变形影响。在工程实践中，虽然大多数尾矿坝滑坡（除震动液化引起的滑坡外）都以旋转滑动作为触发机制，但却有许多发生流动滑坡的实例报道，1979 年南非金矿尾矿坝的流动滑坡，1973 年英国阿伯法地区废石场破坏和美国布法罗克里克地区煤矸石场破坏等等，这种流动性态是毁坏性的。可惜，认识和分析流动性态的力学体系仍处于萌发期，因此，尾矿坝边坡稳定性分析不得不引入极限平衡分析的刚体假定，进行初始的旋转型滑动分析。这些分析只描述初始破坏状态，并非描述破坏开始后的状态。

目前，边坡稳定性分析有两种基本分析方法，一是极限平衡方法，二是应力-应变方法。而可靠性分析方法实际上是这两种基本方法在可靠性理论基础上的延伸。极限平衡原理简单，能够直接提供安全性的量度结果；应力-应变分析方法通过数值求解，给出边坡体在应力作用下的变形图形和安全性指示；可靠性分析则进一步给出坝坡安全性的概率信息。一般地，首先进行试验坝坡剖面的极限平衡分析，当初步确定坝坡最终设计剖面之后，再采用数值分析方法，以检验极限平衡分析结果，最后采用可靠性分析方法，以明确坝坡的设计风险和工程风险。

尾矿坝稳定性分析必须相应于尾矿坝整个服务期限内不同阶段不同荷载条件进行，即包括初期坝施工结束期、分段施工期和长期稳定渗流条件。由于坝上游边坡长期受尾矿支撑，一般不作稳定性评价。

普通水坝分析条件大多都适用于尾矿坝，但又有区别，尾矿坝的分期界限并非如此清晰，例如施工结束时间、稳定渗流开始时间等。升高型尾矿坝的构筑在其整个服务期限内都在进行，渗流面与堆积尾矿的水平一起升高，当筑坝结束时，尾矿坝也废弃了。废弃后尾矿坝的长期稳定性问题和污染问题也是非常重要，必须引起关注的问题，而且后期稳定性还关系到复垦的实现。

3.4.4 尾矿坝的地震稳定性分析

地震是一种地质构造应力积累超过岩石极限强度后突然发生能量释放的过程，其以断层破裂将变形能传播出去。

地震应力是影响边坡和尾矿坝稳定性的重要因素，它的破坏力极强，历史上曾有许多起地震引起滑坡、破坝、振动液化的灾害记载。也许是由于尾矿坝以往还没有引起人们像对水坝一样关注的原因，尾矿坝震害的记录和报告极少。然而，众多相似结构物的震害分析充分证明，在地质构造活动区，尾矿坝的稳定性不单单受静荷载条件控制，且决定于地震条件下坝体的性态。

地质构造活动区划分是一个相对的概念，具有很大的不确定性，但一般地说，如果可靠地确认尾矿库处在构造活动相对静止地区，则采用静力分析就可以满足设计要求。如果尾矿库处在构造活动极活跃地区，则必须采用动力稳定性分析。这里，我们必须注意以下两点：第一，在大多数情况下，成矿的构造断裂带都与引起地震的构造活动有关，应当考虑它再活动的可能；第二，地震引起坝体破坏只与强烈震动有关的概念可能过低地估计动荷载的作用，实际上，在离震中相当远的地方，低水平的地面震动也曾诱发滑坡。关键是决定于所研究矿山的地质背景，包括区域构造运动过程、历史地震活动和当地地质构造条件。

地震对尾矿坝的破坏，起因有二：坝体下伏地层断裂和地震振动。前者如果跨过活动断层筑坝，设计必须使之能够适应地震时断层活动引起的基础位移。但是，从根本上讲，尾矿库选址过程中就应避开活动断层。后者则是非常普遍的问题，设计必须保证尾矿坝在预计地震振动水平下是稳定的。

尾矿坝破坏主要是在地震荷载作用下坝体内剪应力增大或强度降低而引起的。在给定的偏应力条件下，破坏的可能性随着偏应力的循环数而增加。由于作用的偏应力增加，在给定循环数下应变亦增加，而诱发破坏所需要的循环数降低。强度降低或损失的一个重要原因是在动荷载作用期饱和土和细粒尾矿内产生过高的孔隙水压力，当高孔隙水压力使细粒尾矿或土体强度完全丧失，即发生液化。通常液化作用后的流动滑坡与过大变形有关，但是滑动中不发生大变形未必说明没发生液化，可能只是液化面积小。必须指出，地震所造成的滑坡并非都是由液化引起的，大多数边坡破坏是由于剪应力增大引起的。预测地震期间边坡性态很重要，但却很困难，似乎比较稳定的边坡可能破坏，而似乎不稳定，甚至已发生移动的边坡却全然没被破坏。1978年1月14日日本伊豆地震就是一例。

近些年，在认识边坡和土坝的动力响应特性方面取得重大发展，对地震稳定性评价提出了许多方法，从牛顿第二定律的简单应用发展到三维有限元分析，显著地提高了分析精度。人们在处理复杂的工程问题时，更实际地考虑了场地地质和地震、基础和坝体材料的强度与刚度的不确定性，采用“风险”来描述地震发生的可能性和坝体在工作期间的状态，形成地震概率风险评价方法。

因为尾矿坝的破坏不仅决定于地面运动强弱，还依赖于尾矿坝本身的动力特性，所以，地震风险分析既应包括地震危险性估计，即某一指定场地或地区在一定时期内可能遭受的最大地震影响，其以地震烈度或其他地面运动参数表示，也包括地震所造成的以及由此而产生的次生灾害的可能破坏和损失的评价，如经济损失、生命财产损失和社会影响等。地震风险分析大体上按以下三个步骤：

(1) 地震危险性分析（SHA)。考虑地震发生的时空随机性，以及不同震级在随机距离上地面运动预测的不确定性，根据不同震源带及每个震源带的可能地震活动性，确定尾矿库所在场地所要经受的不同水平地面振动强度的概率。

地震危险性分析可定义为在指定时期内由一定大小的地震引起某一确定场地破坏的地震发生概率。地震危险性评价的目的是估计在指定的时间间隔内某场地或其周围潜在震源发生地震时对该场地引起超越某一概率水平的地震动值（如烈度、最大加速度和最大速度等），地震危险性以地震动值的年超越概率表示。

目前，有以下三种方法可以用来估计指定库区的地震危险性和预计加速度水平：1）历史地震方法，根据已发生的地震资料估计加速度，这是最原始的方法；2）确定性方法，根据假定的断层断裂估计“最大可信”地震及其相关库区的加速度，这是最保守方法；3）概率方法，其对历史地震数据进行统计分析，确定出各种加速度水平的出现概率，这是比较完善的方法。

(2) 地震特性分析（SPA)。考虑尾矿坝动力响应特性和抗震能力，确定在指定地震荷载条件下尾矿坝的破坏概率。

自 1965 年智利 La Ligua 地震中上游型尾矿坝灾难性破坏之后，地震液化问题引起普遍关注，当今，确定尾矿坝抗地震能力的方法研究已成为热门课题。大多数尾矿坝是由较松散尾矿构筑的，或是水力沉积尾矿或是旋流尾矿，这些材料对强烈地震期间内部孔隙压力升高非常敏感。在极端情况下，这些孔隙压力则引起坝体部分或全部液化，由于流动型滑动造成灾难性破坏。

地震条件下尾矿坝稳定性分析具有很大程度的不确定性，尽管我们可以根据场地条件、结构类型、材料性质选择适当的地震分析方法，但这是任何分析方法都在所难免、结果解释都必须考虑的事实，我们不可能消除它，只能通过完善分析方法、精细模拟和准确实验使不确定性产生的风险降至最低程度。

（3）地震风险分析（SRA）。综合地震危险性分析和地震特性分析结果，求得破坏的总风险。

地震工程学是一门知识迅速发展的学科，其包含众多学科如构造地质学、工程地质学、地球物理学和土动力学等。

4 尾矿库的管理

尾矿库的安全是矿山安全生产的重要环节之一，同时也是矿山环境保护工作的一个重要方面。在尾矿库安全管理工作中，要认真贯彻“安全第一、预防为主、防重于抢、有备无患”的方针，切实执行“谁使用、谁管理、谁负责”的原则，严格遵照“尾矿设施安全监督管理办法（试行）”（劳动部1995年4月）、“冶金矿山尾矿设施管理规程”（冶金部、有色总公司，1990年3月）及“关于加强尾矿坝等的管理的通知”（国家防汛指挥部1988年）等有关规定，认真做好尾矿库的安全管理工作。

4.1 尾矿库安全度分类标准

主要根据尾矿库防洪能力和尾矿坝坝体稳定性确定。尾矿库安全度分为危库、险库、病库、正常库四级。

4.1.1 危库

尾矿库有下列工况之一的为危库：

（1）尾矿库调洪库容不足，在最高洪水位时不能同时满足设计规定的安全超高和最小干滩长度的要求，不能保证尾矿库的防洪安全；

（2）排洪系统严重堵塞或坍塌，不能排水或排水能力急剧降低；

（3）排水井显著倾斜，有倒塌的迹象；

（4）坝体出现深层滑动迹象；

（5）经验算，坝体抗滑稳定最小安全系数小于表4-1规定值的0.95；

（6）其他危及尾矿库安全运行的情况。

危库必须停止生产并采取应急措施。

表 4-1　坝坡抗滑稳定最小安全系数

运用情况	坝的级别			
	1	2	3	4
正常运行	1.30	1.25	1.20	1.15
洪水运行	1.20	1.15	1.10	1.05
特殊运行	1.10	1.05	1.05	1.00

4.1.2　险库

尾矿库有下列工况之一的为险库：

（1）尾矿库调洪库容不足，在最高洪水位时不能同时满足设计规定的安全超高和最小干滩长度的要求，但平时对坝体的安全影响不大；

（2）排洪系统部分堵塞或坍塌，排水能力有所降低，达不到设计要求；

（3）排水井有所倾斜；

（4）坝体出现浅层滑动迹象；

（5）经验算，坝体抗滑稳定最小安全系数小于表 4-1 规定值的 0.98；

（6）坝体出现贯穿性横向裂缝，且出现较大管涌，水质混浊，夹带泥沙或坝体渗流在堆积坝坡有较大范围溢出，且出现流土变形；

（7）其他影响尾矿库安全运行的情况。

险库必须立即停产，排除险情。

4.1.3　病库

尾矿库有下列工况之一的为病库：

（1）尾矿库调洪库容不足，在最高洪水位时不能同时满足设计规定的安全超高和最小干滩长度的要求；

（2）排洪系统出现裂缝、变形、腐蚀或磨损，排水管接头漏砂；

（3）堆积坝的整体外坡坡比陡于设计规定值，但对坝体稳定影响较小，或虽符合设计规定，但部分高程上堆积边坡过陡，可能出现局部失稳；

（4）经验算，坝体抗滑稳定最小安全系数小于表4-1规定值；

（5）浸润线位置过高，渗透水自高位溢出，坝面出现沼泽化；

（6）坝面出现较多的局部纵向或横向裂缝；

（7）坝体出现小的管涌并夹带少量泥沙；

（8）堆积坝外坡冲蚀严重，形成较多或较大的冲沟；

（9）坝端无截水沟，山坡雨水冲刷坝肩；

（10）其他不正常现象。

病库应限期整改。

4.1.4　正常库

尾矿库同时满足下列工况的为正常库：

（1）尾矿库在最高洪水位时能同时满足设计规定的安全超高和最小干滩长度的要求；

（2）排水系统各构筑物符合设计要求，工况正常；

（3）尾矿坝的轮廓尺寸符合设计要求，稳定安全系数及坝体渗流控制满足要求，工况正常；

（4）尾矿库安全生产管理机构和规章制度健全。

4.2　尾矿库（坝）安全生产监督法规

《尾矿库安全监督管理规定》已经2006年4月6日国家安全生产监督管理总局局长办公会议审议通过，自2006年6月1日起施行，原国家经济贸易委员会2000年颁布的《尾矿库安全管理规定》同时废止。

4.2.1　尾矿库安全监督管理规定

第一条　为了预防和减少尾矿库生产安全事故，保障人民群众生命和财产安全，根据《安全生产法》、《矿山安全法》和有关法律、行政法规，制定本规定。

第二条　尾矿库的建设、运行、闭库和闭库后再利用及其安全监督管理，适用本规定。

核工业矿山和其他具有放射性物质的尾矿库安全监督管理工作，不适用本规定。

第三条 尾矿库建设、运行、闭库和闭库后再利用的安全技术要求以及尾矿库等级划分标准，按照《尾矿库安全技术规程》（AQ2006—2005）执行。

第四条 国家安全生产监督管理总局负责对国务院或者国务院有关部门审批、核准、备案的尾矿库建设项目进行安全设施设计审查和竣工验收。

前款规定以外的其他尾矿库建设项目安全设施设计审查和竣工验收，由省级安全生产监督管理部门按照分级管理的原则作出规定。

省级安全生产监督管理部门负责总库容 100 万 m^3（含 100 万）以上尾矿库的安全监督管理；地（市）级安全生产监督管理部门负责总库容 100 万 m^3 以下尾矿库的安全监督管理，并可以结合实际情况委托县级安全生产监督管理部门进行监督管理。

第五条 生产经营单位负责组织建立、健全尾矿库安全生产责任制，制定完备的安全生产规章制度和操作规程，实施安全管理。

第六条 生产经营单位应当保证尾矿库具备安全生产条件所必需的资金投入，配备相应的安全管理机构或者安全管理人员，并配备与工作需要相适应的专业技术人员或者具有相应工作能力的人员。

第七条 生产经营单位应当针对垮坝、漫顶等生产安全事故和重大险情制定应急救援预案，并进行预案演练。

第八条 生产经营单位应当建立尾矿库工程档案，特别是隐蔽工程的档案，并长期保管。

尾矿库施工应当执行有关法律、法规和国家标准、行业标准的规定，严格按照设计施工做好施工记录，确保工程质量。

第九条 从事尾矿库放矿、筑坝、排洪和排渗设施操作的专职作业人员必须取得特种作业人员操作资格证书，方可上岗作业。

第十条 尾矿库的勘察、设计、安全评价、施工及施工监理等应当由具有相应资质的单位承担。

第十一条 尾矿库建设项目包括新建、改建、扩建、闭库以及在用尾矿库回采再利用和闭库后再利用的尾矿库建设工程。

尾矿库建设项目安全设施设计审查与竣工验收应当符合《非煤矿矿山建设项目安全设施设计审查与竣工验收办法》及有关法律、法规的规定。

第十二条 尾矿库工程设计应当包括安全专篇。安全专篇应当对尾矿库及尾矿坝稳定性、尾矿库防洪能力及排洪设施和安全观测设施的可靠性进行充分论证。

第十三条 尾矿库建设项目应当进行安全设施设计并经审查合格，方可施工。无安全设施设计或者安全设施设计未通过审查，不得施工。

已经投入生产运营的尾矿库无正规设计或者资料不齐全的，生产经营单位应当在安全生产监督管理部门规定的限期内进行必要的勘测，补齐必要的资料。

第十四条 对涉及尾矿库库址、等别、尾矿坝坝型、排洪方式等重大设计方案变更时，应当报经尾矿库建设项目安全设施设计的原审批部门批准。

第十五条 施工中需要对设计进行局部修改的，应当经原设计单位认可；对设计进行重大修改的，应当由原设计单位重新设计，并报尾矿库建设项目安全设施设计的原审批部门批准。

第十六条 生产经营单位应当按照《非煤矿矿山企业安全生产许可证实施办法》的有关规定，为其尾矿库申请领取安全生产许可证。未依法取得安全生产许可证的尾矿库，不得生产运行。

新建尾矿库建设项目经验收合格后，生产经营单位在申请尾矿库安全生产许可证时，对于验收申请时已提交的符合颁证条件的文件、资料可以不再提交；安全生产监督管理部门在审核颁发安全生产许可证时，可以不再审查。

第十七条 对生产运行中的尾矿库，未经技术论证和安全生产监督管理部门的批准，任何单位和个人不得对下列事项进行变更：

（一）筑坝方式；

（二）坝型、坝外坡坡比、最终堆积标高和最终坝轴线的位置；

（三）坝体防渗、排渗及反滤层的设置；

（四）排洪系统的型式、布置及尺寸；

（五）设计以外的尾矿、废料或者废水进库等。

第十八条　尾矿库应当每两年至少进行一次安全评价。安全评价包括现场调查、收集资料、危险因素识别、相关安全性验算和编写安全评价报告。

尾矿库安全评价工作应有能够进行尾矿坝稳定性验算、尾矿库水文计算、构筑物计算的专业技术人员参加。

第十九条　尾矿库经过安全评价被确定为危库、险库和病库的，生产经营单位应当分别采取下列措施：

（一）确定为危库或者出现严重险情威胁尾矿库安全的，应当立即停产，进行抢险，并向上级单位和安全生产监督管理部门报告；

（二）确定为险库的，应当在限定的时间内消除险情；

（三）确定为病库的，应当在限定的时间内按照正常库标准进行整治，消除事故隐患。

第二十条　尾矿库出现下列重大险情之一的，生产经营单位应当立即报告安全生产监督管理部门和当地政府，并启动应急预案，进行应急抢险救援，防止险情扩大，避免人员伤亡：

（一）坝体出现严重的管涌、流土等现象，威胁坝体安全的；

（二）坝体出现严重裂缝、坍塌和滑动迹象，有垮坝危险的；

（三）库内水位超过限制的最高洪水位，有洪水漫顶危险的；

（四）在用排水井倒塌或者排水管（洞）坍塌堵塞，丧失或者降低排洪能力的；

（五）其他危及尾矿库安全的险情。

第二十一条　尾矿库发生坝体坍塌、洪水漫顶等事故时，生产经营单位应当启动应急预案，进行事故抢救，防止事故扩大，避免和减少人员伤亡，并立即报告安全生产监督管理部门和当地政府。

第二十二条　未经尾矿库管理单位同意、技术论证及原尾矿库建设审批的安全生产监督管理部门批准，任何单位和个人不得在库区从事爆破、采砂等危害尾矿库安全的活动。

第二十三条　尾矿库闭库工作及闭库后的安全管理由原生产经营单位负责。对解散或者关闭破产的生产经营单位，其已关闭或者废弃的尾矿库的管理工作，由生产经营单位出资人或者其上级主管部门负责；无上级主管部门或者出资人不明确的，由县级以上人民政府指定管理单位。

第二十四条 生产经营单位申请尾矿库闭库验收，应当具备下列条件：

（一）尾矿库已停止使用；

（二）闭库安全评价报告已报安全生产监督管理部门备案；

（三）尾矿库闭库设计已经安全生产监督管理部门批准；

（四）有完备的闭库工程施工记录、竣工报告、竣工图和施工监理报告等；

（五）其他相关事项。

第二十五条 生产经营单位向安全生产监督管理部门提交尾矿库闭库工程安全设施验收申请报告，应当包括下列内容及资料：

（一）尾矿库库址所在行政区域位置、占地面积及尾矿库下游村庄、居民等情况；

（二）尾矿库建设和运行时间以及在建设和运行中曾出现的重大问题和处理措施；

（三）尾矿库主要技术参数，包括堆坝方式、坝高、总库容、尾矿堆积量、防洪排水型式等；

（四）闭库安全评价报告；

（五）闭库设计及审批文件；

（六）闭库设计的主要工程措施和闭库工程施工概况；

（七）闭库工程竣工报告及竣工图；

（八）施工监理报告；

（九）其他相关资料。

第二十六条 安全生产监督管理部门的工作人员，未依法履行安全监督管理职责，按照有关规定给予行政处分。

第二十七条 尾矿库管理单位违反本规定，有下列行为之一的，由安全生产监督管理部门责令改正，并处2万元以下的罚款；情节严重的，责令其对尾矿库实施停产整顿；对主管人员和直接责任人员由其所在单位或者上级主管单位给予行政处分；构成犯罪的，依法追究刑事责任：

（一）未按有关规定对职工进行安全教育、培训，分配职工上岗作业的；

（二）特种作业人员未按照规定经专门的安全作业培训并取得特种作业人员操作资格证书上岗作业的；

（三）拒绝安全生产监督管理人员现场检查或者在被检查时隐瞒事故隐患、不如实反映情况的；

（四）未按照规定及时、如实报告尾矿库事故或者重大险情的。

第二十八条 本规定第二十六条、第二十七条以外的其他违法行为，依照《安全生产法》和《非煤矿矿山建设项目安全设施设计审查与竣工验收办法》、《非煤矿矿山企业安全生产许可证实施办法》等规章的有关规定进行处罚。

第二十九条 本规定自 2006 年 6 月 1 日起施行，原国家经济贸易委员会 2000 年颁布的《尾矿库安全管理规定》同时废止。

4.2.2 防治尾矿污染环境管理规定

1992 年 8 月 17 日，国家环保局。

第一条 为保护环境，防治尾矿污染，根据《中华人民共和国环境保护法》及有关法律、法规制定本规定。

第二条 本规定中所称尾矿是指选矿和湿法冶炼过程中产生的废物。

第三条 本规定适用于中华人民共和国领域内企业所产生尾矿的污染防治及监督管理。

氧化铝厂的赤泥和燃煤电厂水力清除的粉煤灰渣的污染防治也适用本规定。

放射性尾矿、伴有放射性尾矿的非放射性尾矿的污染防治，依照国家有关放射性废物防护规定执行。

第四条 县级以上人民政府环境保护行政主管部门对本辖区内的尾矿污染防治实施统一监督管理。

第五条 县级以上人民政府环境保护行政主管部门对在尾矿污染防治工作中有显著成绩的单位和个人给予表彰。

对综合利用尾矿的，按国家有关规定给予优惠。

第六条 县级以上人民政府环境保护行政主管部门有权对管辖范围内产生尾矿的企业进行现场检查。被检查的企业应当如实反映情况，提供必要的资料。检查机关应为被检查的单位保守技术秘密和业务秘密。

第七条 产生尾矿的企业必须制定尾矿污染防治计划，建立污染防治责任制度，并采取有效措施，防治尾矿对环境的污染和危害。

第八条 产生尾矿的企业必须按规定向当地环境保护行政主管部门进行排污申报登记。

第九条 产生尾矿的新建、改建或扩建项目，必须遵守国家有关建设项目环境保护管理的规定。

第十条 企业产生的尾矿必须排入尾矿设施，不得随意排放。

无尾矿设施，或尾矿设施不完善并严重污染环境的企业，由环境保护行政主管部门依照法律规定报同级人民政府批准，限期建成或完善。

第十一条 贮存含属于有害废物的尾矿，其尾矿库必须采取防渗漏措施。

第十二条 在国务院、国务院有关主管部门和省、自治区、直辖市人民政府划定的风景名胜区、自然保护区和其他需要特殊保护的区域内不得建设产生尾矿的企业；已建的企业所排放的尾矿水必须符合国家或地方规定的污染物排放标准。

向上述区域内排放尾矿水超过国家或地方规定的污染物排放标准的，限期治理。

第十三条 尾矿贮存设施必须有防止尾矿流失和尾矿尘飞扬的措施。

第十四条 产生尾矿的企业应加强尾矿设施的管理和检查，采取预防措施，消除事故隐患。

第十五条 因发生事故或其他突然事件，造成或者可能造成尾矿污染事故的企业，必须立即采取应急措施处理，及时通报可能受到危害的单位和居民，并向当地环境保护行政主管部门和企业主管部门报告，接受调查处理。

当地环境保护行政主管部门接到尾矿污染事故报告后，应立即向当地人民政府和上一级环境保护行政主管部门报告。对于特大的尾矿污染事故，由地、市环境保护行政主管部门报告国家环境保护局。

任何单位和个人不得干扰对事故的抢救和处理工作。

可能发生重大污染事故的企业，应当采取措施，加强防范。

第十六条　禁止任何单位和个人在尾矿设施上任意挖掘、垦殖、放牧、建筑及其他妨碍尾矿设施正常使用和可能造成污染危害的行为。

第十七条　尾矿贮存设施停止使用后必须进行处置，保证坝体安全，不污染环境，消除污染事故隐患。

关闭尾矿设施必须经企业主管部门报当地省环境保护行政主管部门验收、批准。

经验收移交后的尾矿设施其污染防治由接收单位负责。

利用处置过的尾矿或其设施，需经地、市环境保护行政主管部门批准，并报省环境保护行政主管部门备案。

第十八条　对违反本规定，有下列行为之一的，由环境保护行政主管部门依法给予行政处罚：

（一）产生尾矿的企业未向当地人民政府环境保护行政主管部门申报登记的，可处以三百元以上三千元以下罚款，并限期补办排污申报登记手续；

（二）违反本规定第十条规定，经限期治理，逾期未建成或完善尾矿设施，或者违反本规定第十二条规定，经限期治理未完成治理任务的，根据所造成的危害处以一万元以上十万元以下罚款，或提请人民政府责令停产；

（三）拒绝环境保护行政主管部门现场检查或在被检查时弄虚作假的，给予警告，或处以三百元以上三千元以下的罚款。

第十九条　本规定所称尾矿设施是指尾矿的贮存设施（尾矿库、赤泥库、灰渣库等）、浆体输送系统、澄清水回收系统、渗透水截流及回收系统、排洪工程、尾矿综合利用及其他污染防治设施。

第二十条　本规定自一九九二年十月一日起施行。

4.3 尾矿坝安全管理对策

4.3.1 尾矿库管理的任务、机构与职责

尾矿库管理的任务是做好尾矿的分级、输送、排放、筑坝、尾矿水调蓄、回水、防汛、抗震、环境保护和尾矿坝、排洪构筑物的检查、维护、监测、分析等各项工作，确保尾矿设施安全生产，防止发生事故和灾害。为加强尾矿设施的安全管理，应设立不同层次的管理机构各负其责。

应设立尾矿坝工程安全技术监督站，以加强冶金行业尾矿坝的安全管理，各厅（地区公司）也应成立相应的机构。行业尾矿坝工程安全技术监督机构的职责是：

(1) 分别代表行业主管部门对本系统尾矿设施的安全状况进行检查和监督；组织尾矿坝工程安全技术监督网，并实施管理；

(2) 接受主管部门委托，组织制订尾矿设施安全管理的有关文件；

(3) 负责组织尾矿设施管理人员的技术培训；负责与国外尾矿坝工程有关机构建立联系，进行技术交流，加强国际间的合作与交流，提高我国尾矿库安全管理水平；

(4) 建立尾矿库工程技术档案，逐步完善尾矿库工程安全管理数据库，以实现对尾矿库工程安全的科学化、系统化管理；

(5) 接受企业委托，对尾矿库的安全管理、生产运行状态进行技术咨询、评估，对坝体工程安全措施实施监测、科学试验、工程设计及重大工程问题处理等。

各厂矿尾矿坝安全生产领导小组的职责是：

(1) 认真贯彻上级单位下达的各项指令和任务，根据管理规程和设计要求，编制并实施本单位尾矿库安全生产规章制度；结合工程的实际情况，编制年、季度作业和运行图表；

(2) 定期或不定期（汛前）组织进行尾矿坝安全大检查，对尾矿库存在的隐患和问题及时进行整改；

(3) 作好尾矿坝监测记录、资料的整理、分析工作；

（4）保持尾矿库管理队伍的稳定性，有计划地安排操作管理人员培训并进行日常安全管理教育工作，以加强安全生产意识和提高管理水平。

4.3.2 尾矿库的安全管理制度

尾矿库的安全管理制度主要包括责任制、安全检查制、奖惩制和考核制。尾矿库的安全管理实行公司（矿）、厂、车间（工段）三级管理承包责任制。公司（矿）的经理（矿长）为全公司（矿）尾矿库的安全第一负责人；生产副经理（副矿长）为直接负责人；各厂厂长为选厂尾矿库的安全第一负责人，生产副厂长为直接负责人；车间（工段）主任（工段长）为尾矿库安全的直接负责人。

尾矿库的安全检查，作为安全管理制度的一项主要内容，可分为四级，即：日常检查，定期检查，特别检查和安全鉴定。

日常检查：尾矿车间（工段或班组）应对尾矿库进行日常检查，交接班应有记录，并妥为保存。

定期检查：选厂应组织有关人员对尾矿库的安全运行情况进行定期检查，每月一次，发现问题及时研究处理，并将检查结果向主管领导报告，将有关技术资料归档；公司（矿）主管尾矿库安全部门应组织有关职能部门的人员，每年汛前、汛后对尾矿库的安全运行情况进行一次全面的检查，并于汛期前一个季度提出尾矿库度汛方案报当地防汛指挥部，同时抄报行业尾矿坝工程安全技术监督站。

特别检查：当发生特大洪水、暴雨、强烈地震及重大事故等灾害后，公司（矿）主管应组织有关部门及基层管理单位对尾矿库的安全状态进行一次全面的大检查，必要时报请上级有关单位会同检查，检查结果应同时抄报上级主管部门。

安全鉴定：对于大、中型及位于地震区的尾矿坝，当尾矿坝堆积坝高度达到总堆积高度的一半至三分之二时，应根据具体情况按现行规范标准进行一至二次安全鉴定工作，其重点应为抗洪能力及坝体稳定性。

尾矿库的安全管理应纳入矿山正常生产计划，并列入安全生产、质量评比工作内。建立严格的奖惩制度，对在确保尾矿库安全运行方面作出贡献的管理、操作人员实行奖励，并作为晋级的条件之一；对于玩忽职守、违反管理规程的人员及造成事故的直接责任人，要追究责任进行严肃处理。

各级安全管理机构应设置一定数量的专职或兼职尾矿安全管理人员，负责具体技术工作，其人员应具备尾矿库安全管理方面的基本专业知识，掌握尾矿库设计文件及有关规定，了解尾矿处理的工艺流程，熟悉国家或部门有关标准及规定、规范等。

尾矿库操作人员已被列为特殊工种，必须经过培训考核合格后持证上岗。对于无证上岗操作者，劳动部门将给予处罚并追究其责任。

5 尾矿库的安全

5.1 尾矿库病害事故分析及治理

5.1.1 尾矿库病害事故分析

尾矿库是一种特殊的工业建筑物，它的服务期也是整个尾矿库的施工期、尾砂坝的堆积期，这个过程很慢长，少则5年、10年，多则十几年、几十年，像江西铜业公司下属的东乡铜矿尾矿库，1966年设计，1973年建成投入使用，至今已有近四十年，据估计还要使用几年。而且尾矿库的投资一般都很大，据资料显示，尾矿设施的建设投资，一般约占矿山建设总投资的5%～10%；占选厂基建投资的20%左右，有些甚至与建厂投资相当。同时，随着社会的发展，人类的迁徙，原来尾矿库下游附近没有居民、村落、工厂等建筑物，现在都发生了很大的变化，有些尾矿库的下游现在有了村落、工厂、学校、铁路、高速公路等，属于一级保护设施。所以，尾矿库一旦溃坝不仅涉及到矿山自身的生产安全，而且关系到周边及其下游居民的生命财产的安危。

由于尾矿库的垮塌而造成的灾害事故，在国内外时有发生，损失也非常惨重，教训亦非常深刻。例如2000年1月30日，罗马尼亚乌鲁尔金矿尾矿库的尾矿坝发生泄漏，10万多升含有氰化物、铜、铅等重金属的污水流入多瑙河支流蒂萨河，污水流经之处，所有的生物一律暴毙，影响非常恶劣。2000年10月18日广西南丹县鸿图选矿厂尾矿库发生垮坝事故，造成数十人死亡，直接经济损失340万元。

据不完全统计，我国现有金属非金属矿山10.44万座，每年产出尾矿约3亿t，全国现有6000余个尾矿库，其中大、中型尾矿库400余座。由于尾矿库内有大量的尾矿砂和尾矿水，再加上管理不善，经常发生人身伤亡事故。尤其是一些小型尾矿库，不根据正规设计施工，基本没有防洪、防渗等安全设施，并且尾矿库的管理人员缺乏相关的安全知识，使尾矿库对人们的生产和生活产生了极大的威胁。

建国以来，仅有色金属矿山尾矿库就发生过多起恶性事故。如1960年8月27日，岿美山钨矿发生尾矿坝洪水漫顶事故；1971年7月银山铅锌矿尾矿库发生洪水漫顶事故；1962年9月26日云南锡业公司大谷都发生尾矿坝溃决事故，造成了巨大经济损失。

较近期的尾矿坝溃决事故，像1985年发生在湖南的一座矿山，这座尾矿库于1971年1月建成投产，设计库容215万m^3，有效库容150万m^3。选矿厂处理量初期为400t/d，后扩建到570t/d，日排出尾矿425t/d，年排尾矿13万t，垮坝前已堆尾矿110万m^3。1985年8月25日凌晨，矿区内连降暴雨达4h，当即发生了百年不遇的特大洪灾，洪水很快漫过坝面，仅数分钟，就冲垮了尾矿库，洪水夹带着大量尾砂掠过矿区，下游农田严重受损。这次事故，冲毁矿区内房屋39栋，造成危房22栋，淹没房屋27栋，并造成了人员伤亡。同时，冲毁设备25台，冲走钢材200余吨，水泥1200余吨和价值84.7万元的各种原材料；冲毁输电线路3.5km，通讯线路4.38km，矿区自备公路4.3km，国家公路3km，桥梁3座，通讯、供电、交通全部中断，矿区经济损失惨重。大量外溢的尾矿还污染了大片农田和生活水井，事故的破坏力触目惊心。

1986年4月30日安徽黄梅山铁矿尾矿库溃坝决口，死亡19人，伤95人。

2006年4月23日，河北省迁安市庙岭沟铁矿闭库尾矿库发生溃坝事故，致使1人死亡，5人下落不明。

2006年4月30日，镇安县黄金有限责任公司对其尾矿库实施第六期加坝增容施工时，部分主体坝垮塌，导致17人死亡，5人受伤，造成直接经济损失492万余元。经过调查，“4·30”事故是一起严重违反安全生产法律法规的重大生产安全责任事故。事故的直接原因是镇安县黄金有限责任公司未进行安全论证、环境影响评价和正规设计，擅自4次加高扩容，以致发生溃坝。

2007年5月18日上午10点多，山西宝山矿业有限公司尾矿库发生溃坝，尾矿坝于 2005 年投入运行，建在海河流域滹沱河一级支流峨河的支沟内，尾矿坝高近 100m，坝顶宽约 20m，坝顶长约 200m，设计库容 500 多万立方米，垮坝时库容约 80 ~ 100 万 m^3。溃坝时尾沙泥浆汹涌而下，绵延 20 余公里，所过之处，工厂、变电站、桥梁、村庄、农田悉数被毁，直接经济损失 4500 多万元，间接损失数亿元。受灾最重的是太钢峨口铁矿，冲毁峨口铁矿专用铁路桥一孔，桥梁冲出约 30m 开外，致使铁路钢轨悬空，铁路交通中断。冲坏峨口铁矿变电站一座，致使铁矿部分停产。冲毁峨口铁矿金煤车间和部分输送管道，以及铁矿材料库。另外有多处通信线路被冲毁，多座桥梁淤堵，冲毁民房 20 多间和部分耕地，造成下游峨河河道淤积河床抬高。

2007 年 11 月 25 日 5：50 左右，辽宁省鞍山市海城西洋鼎洋矿业有限公司选矿厂 5 号尾矿库发生溃坝事故，致使约 54 万 m^3 尾矿下泄，造成该库下游约 2km 处的甘泉镇向阳寨村部分房屋被冲毁，13 人死亡，3 人失踪，39 人受伤（其中 4 人重伤）。海城西洋鼎洋矿业有限公司于 2004 年 2 月 27 日成立，隶属于西洋集团。该公司主要拥有日处理矿石 1 万 t 的铁矿选厂和配套的尾矿库，选矿采用磁选工艺。年产 50 万 t 铁精粉。该公司尾矿库分两期建设，其中 1 号库为一期工程，库容约 130 万 m^3，因未取得安全生产许可证，已于 2006 年年底停止使用，即将闭库；二期工程包括 2 ~ 5 号库，于 2007 年 7 月完成设计，10 月 16 日竣工，11 月 6 日取得安全生产许可证。二期工程设计总库容为 78.4 万 m^3，尾矿坝为一次性建筑土石坝，尾矿库等别为 5 等库，设计服务年限 5 年。其中，发生溃坝的 5 号库设计库容为 36.78 万 m^3，设计最大坝高 14m，内外坡比 1：2。据中冶沈勘工程技术有限公司的测量结果：最大坝高约 22m，内外坡比 1：1.7，目前实际库容约 80 万 m^3。

2008 年 8 月 1 日零时 45 分左右，太原娄烦县境内的太钢尖山铁矿排土场发生一起特别重大垮塌事故，位于排土场下面的娄烦县马家庄乡寺沟村部分房屋被埋，死亡失踪 45 人，受伤 1 人。

2008 年 9 月 8 日 7 时 50 分左右，襄汾县新塔矿业公司尾矿库突然溃坝，混杂着矿渣的泥水带着巨大冲力从半山腰一泻而下，未及时躲避的群众被淤泥卷走，确定死亡 277 人。塔山矿一座三层的办公楼整体被向后推移了15m左右。这是2008年以来全国死亡人数最多的一起安全生产事故，损失很大、影响极坏。

2006年4月国家安全生产监督管理总局发布了《尾矿库安全监督管理规定》。该规定作为政府部门的行政规章，对尾矿库的安全管理、安全检查、安全评价与管理、安全检查等做出了明确的规定，要求企业每3年进行一次安全评价。

目前，我国根据尾矿库安全运行状况，将不能正常运行的尾矿库划分为“事故库、病库、险库”。凡导致尾矿库整体或局部破坏并丧失全部或局部功能，且造成一定损失的尾矿库称为事故库；凡存在隐患，甚至出现局部破坏，但尚能保存基本使用功能，尚能继续使用的尾矿库称为“病库”；尾矿库存在严重病害，甚至出现局部破坏，不能保证整体安全，有可能丧失使用功能的尾矿库称为危险尾矿库，危险尾矿库主要表现在，不能安全度汛，防洪能力不够，以及渗流破坏较严重或已经滑塌等。据事后原因调查统计分析，国内尾矿库的病害主要表现有八大类，具体见表5-1。

表5-1 国内尾矿库病害分类统计（截止到2000年8月份）

病害分类	病害描述	所占比例/%			
		黑色	其他	全国	灾害
		49件	29件	78件	45件
Ⅰ	坝坡失稳，即各种滑坡等	0	3.4	1.3	0
Ⅱ	初期坝漏矿等	8.2	0	5.1	4.5
Ⅲ	雨水或矿浆回流造成坝面溃决等	14.3	0	9.0	2.2
Ⅳ	库内滑坡、喀斯特等坝址问题	14.3	13.8	14.1	11.1
Ⅴ	坝坡、坝基、坝肩等渗水，管涌、流砂，坝面沼泽化	20.4	3.4	14.1	4.5
Ⅵ	排洪系统的构筑物破坏	32.7	20.8	28.2	33.3
Ⅶ	洪水漫坝等原因的溃坝	6.1	58.6	25.6	44.4
Ⅷ	地震引起的液化、裂缝、位移等	4.1	0	2.6	0

就目前矿山尾矿库而言，有两大新的问题出现，一是尾矿库的闭库问题，存在很多安全隐患，也发生了一些灾害事故；二是由于选矿

工艺、选矿设备等技术的提高，磨矿粒度越来越细，这样细粒尾矿堆积越来越多，而细粒尾矿堆积坝的病害率一直居高不下。

尾矿库从勘察、设计、施工到使用的全过程中，任何一个环节有毛病，都可能导致尾矿库不能正常使用。其中，由于生产管理不善、操作不当或外界环境因素干扰所造成的病害比较容易检查发现；而勘察、设计、施工或其他原因造成隐患，在使用初期不易显现出来，这些常被人忽视的隐患往往属于很难补救和治理的病害。

（1）勘察因素造成的病害。对库区、坝基、排洪管线等处的不良地质条件未能查明，就可能造成库内滑坡、坝体变形、坝基渗漏、排洪管断裂、排水井倒塌等病害。对尾矿堆坝坝体及沉积滩的勘察质量低劣，则导致稳定分析、排洪验算等结论的不可靠。

（2）设计因素造成的病害。设计质量低劣表现在基础资料不确切、设计方案及技术论证方法不当、不遵循设计规范、对库水位及浸润线深度的控制要求不明确，或要求不切实际等方面。尽管目前设计单位资质齐全，但上述因素造成尾矿库带病运行的现象屡见不鲜。由此造成的隐患大多为坝体在中、后期稳定性和防洪能力不能满足设计规范的要求。其次，排水构筑物出现断裂、气蚀、倒塌等病害也可能是由于设计人员技术不高或经验不足所造成。

（3）施工因素造成的病害。初期坝施工中清基不彻底、坝体密实度不均、坝料不符合要求、反滤层铺设不当等，会造成坝体沉降不均、坝基或坝体漏矿、后期坝局部塌陷；排洪构筑物有蜂窝、麻面或强度不达标，当负荷载逐渐增大时，会造成掉块、漏筋、断裂，甚至倒塌等病害。

（4）操作管理不当造成的病害。在长期生产过程中，由于操作不当造成的常见病害和隐患如下：

1）放矿支管开启太少，造成沉积滩坡度过缓，导致调洪库容不足；

2）未能均匀放矿，沉积滩此起彼伏，造成局部坝段干滩过短；

3）长期独头放矿，致使矿浆顺坝流淌，冲刷子坝坡脚，且易造成细粒尾矿在坝前大量聚积，严重影响坝体稳定；

4）长时间不调换放矿点，造成个别放矿点的矿浆外溢，冲刷坝体；

5）巡查不及时，放矿管件漏矿冲刷坝体；

6）坝面维护不善，雨水冲刷拉沟，严重时会造成局部坝段滑坡；

7）每级子坝高度堆筑太高，致使坝前沉积厚层抗剪强度很低、渗透性极差的矿泥，抬高了坝体内的浸润线，对坝体稳定十分不利；

8）片面追求回水水质而抬高库水位，造成调洪库容不足；

9）长期对排洪构筑物不进行检查、维修，致使堵塞、露筋、塌陷等隐患未能及时发现。

由于管理不当造成的问题主要表现在未能有效地对勘察、设计、施工和操作进行必要的审查和监督；对设计意图不甚了解，片面追求经济效益，未按设计要求指导生产；对防洪、防震问题抱有侥幸心理；明知有隐患，不能及时采取措施消除；未经原设计同意，擅自修改设计等。

（5）其他因素造成的病害。暴雨、地震之后可能对坝体、排洪构筑物造成病害：

1）由于矿石性质或选矿工艺流程变更，引起尾矿性质（粒度组成、粒径、相对密度、矿浆浓度等）的改变，而这种改变如果对坝体稳定和防洪不利时，自然会成为隐患；

2）因工农关系未协调好，而产生的干扰常常造成尾矿库隐患。如农民在库区上游甚至于在库区以内乱采、滥挖等。

5.1.2 尾矿库常见病害的治理

《尾矿库安全管理规定》中根据尾矿库存在的隐患和病害程度不同，分为危库、险库和病库。并明确规定了针对这三种非正常库应采取的病害消除措施，详见《尾矿库安全管理规定》第七十八至八十六条。

显然，认真消除上述种种原因是避免产生尾矿库病害的最为有效的措施。

尾矿库工程是一个庞大的系统工程，它不仅要求管理人员熟悉采矿、选矿、机械等专业知识，而且要熟悉和土石坝有关的土力学、水

力学、水文学等学科知识以及坝工技术。然而在我国，多年来，尾矿库的堆坝管理一般都是由选矿厂的技术人员或生产部门的技术人员负责，这样在现场管理上势必存在缺陷。所以，国内许多尾矿库方面的老专家一直建议，为了改善尾矿库的安全运行，减少灾害事故的发生，除了加强现场日常施工管理等外，还应在技术上进行专题攻关研究。改善尾矿库安全运行、减少灾害事故的技术措施，归纳起来主要有：

（1）鉴于细粒尾矿堆积坝的病害率偏高的现状，应该对高含泥的细粒尾矿能否适宜上游法堆坝进行深入研究；同时，对改善及提高细粒尾矿堆坝的技术措施进行研究。

（2）针对尾矿坝的隐患、病害、事故或溃坝灾害进行深入调查研究，搞清有“隐患、病害、事故或灾害”的转化条件、机理以及预防措施等。

（3）地下水的问题是尾矿坝的难题之一，如何控制渗流，降低浸润线，保证尾矿坝有足够的相对干燥的坝壳，使尾矿坝一直处于稳定状态。

（4）改革创新尾矿的堆积工艺和方法，寻找出更适合现代情况的尾矿处理方法，像分期筑坝方法等。

（5）采用物理和化学方法改善尾矿颗粒的胶结和固结，以提高尾矿的整体强度，像采用高频振动改善尾矿堆积强度等。

（6）综合开发利用尾矿，变废为宝，减少尾矿的堆存量。

5.2 尾矿库溃坝的原因

尾矿库内存储的尾矿具有很大的势能，一旦尾矿坝发生溃坝事故，大量尾矿顺势而出，危及下游人员、财产和环境安全。近年来金属非金属矿山发生了多起严重的尾矿坝溃坝事故。

尾矿坝溃坝的实质是坝体失稳。坝体要经受筑坝期正常高水位的渗透压力、坝体自重、坝体及坝基中孔隙压力、最高洪水位有可能形成的稳定渗透压力和地震惯性力等载荷作用，当坝体强度不能承受载荷作用时则将失稳。影响尾矿坝稳定性的因素很多，导致尾矿坝溃坝的主要原因有渗透破坏、地震液化和洪水漫顶等。

（1）渗透破坏。水的存在增加了滑坡体的质量，渗透力的存在增加了坡体下滑力，所以水的作用会引起坡体下滑力的增加。降雨造成的地表径流和库水会冲刷和切割坝坡，形成裂隙或断口，降低坝体稳定性。同时，水在坝体内的流动引起的冲刷和渗流作用也会降低坝体的稳定性。

尾矿坝的稳定问题不同于一般的边坡稳定问题，在渗流作用下的尾矿强度指标有明显的降低。由于堆积坝加高是在初期坝高的基础之上进行的，随着坝顶标高的增加，库容增加，浸润线抬高而尾矿浸润范围增大，坝体的安全系数减小，溃坝的可能性增加。与天然土类相比，尾矿是一种特殊的散粒状物质，有其特殊的物理和化学性质。它的颗粒表面凹凸不平，内部有孔洞，密度小，级配均匀。尾矿沉积层的密度低，饱和不排水条件下的抗剪强度低。另外，尾矿无黏性，允许渗透压降小，在渗流作用下极易发生管涌等形式的破坏。因此，找出浸润线的高低与尾矿库安全系数之间的关系，对坝体加高工程和安全稳定性具有重要意义。

（2）地震液化。构成坝体的尾矿在地震作用下颗粒重新排列，被压密而孔隙率减小，颗粒的接触应力一部分转移给孔隙水，当孔隙水压力超过原有静水压力并与有效应力相等时，动力抗剪强度完全丧失，变成黏滞液体，这种现象称地震液化。地震液化会导致坝体失稳破坏。

影响坝体地震液化的因素很多，主要有尾矿的物理性质、坝体埋藏状况和地震动载荷情况等。尾矿颗粒的排列结构稳定和胶结状况良好、粒径大和相对密度大，则抗液化能力高，较难发生液化。覆盖的有效压力越大，排水条件越好，液化的可能性越小。地震震动的频率越高，震动持续的时间越长，越容易引起液化。此外，对于液化的抵抗能力在正弦波作用时最小，震动方向接近尾矿的内摩擦角时抗剪强度最低，最容易引起液化。

地震应力引起的坝体内部剪应力增大是影响尾矿坝稳定性的另一重要因素。不考虑水对边坡稳定性的影响，将地震看成影响和控制边坡稳定的主要动力因素，由此产生的位移、位移速度和位移加速度同地震过程中地震加速度的变化有着密切的联系。

（3）洪水漫顶。尾矿坝多为散粒结构，洪水漫过坝顶时，由水流产生的剪应力和对颗粒的拉拽力作用造成溃坝事故。造成洪水漫坝的主要因素有水文资料短缺造成防洪设计标准偏低、泄洪能力不足、安全超高不足等。此外，施工质量、运行管理也直接影响着尾矿坝的抗洪能力。

5.2.1　大坝生命周期内各溃坝模式发生事故的比较

近些年，国际大坝委员会（ICOLD）和其81个成员国的国家级大坝委员会针对大坝设计、施工和运行提供了一个世界级科技论坛，这些组织意识到从已发生的大坝失事及其他各种事故中总结经验和吸取教训，对于减少类似事故的发生有重要意义。美国大坝委员会（USCOI. D）在美国范围内进行了一次大坝事故的全面统计，并于1988年发布了统计结果，有超过500个包括大坝失效、事故和大坝设施隐患整改的案例在统计之中，其中24%的案例属于大坝失事溃决，42%的事故属于已经整改完毕的，34%的案例属于大坝安全事故，统计结果见图5-1。从图5-1的统计结果表明，漫顶溃决、排洪

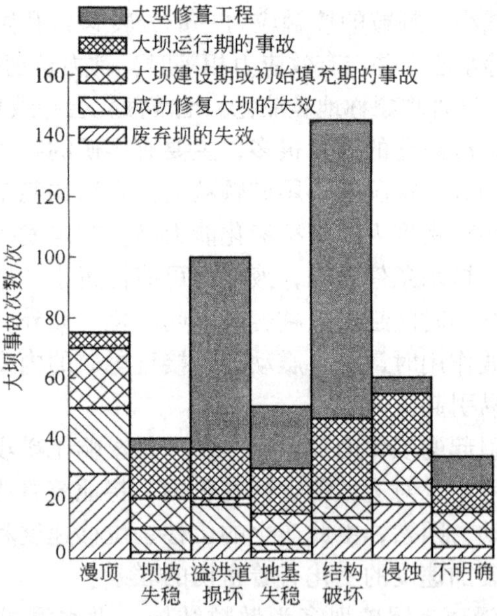

图 5-1　美国大坝委员会有关水坝事故的统计结果

设施失效以及结构破坏是导致大坝事故的主要原因。

5.2.2 不同时期尾矿坝发生事故的比较

除了统计本国的大坝历史事故外，1994 年美国大坝委员会还针对世界范围内的尾矿坝事故进行了统计，统计囊括了 1917 年至 1989 年之间发生了溃决、渗漏以及其他破坏类型的尾矿库 185 座。此后，美国国家环境署（UNEP）又在 185 个尾矿库样本的基础上增加了 26 个事故案例，USCOLI、UNEP/ICOLD 的统计结果汇总于下图 5-2，图 5-2 中横坐标以每 5 年为一个单位。

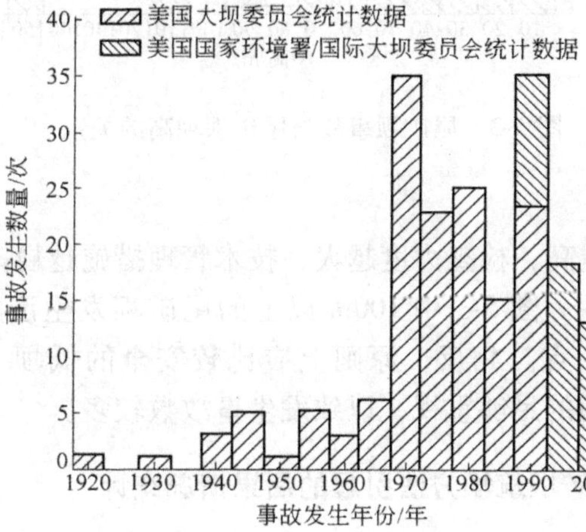

图 5-2 尾矿坝事故历史情况统计表

图 5-2 中表明从 20 世纪 60 年代中期开始，世界尾矿库事故发生数量急剧增加，原因之一是 60 年代开始，尾矿库建设和运行的数量急剧增多。

5.2.3 根据坝高的尾矿坝溃坝事故统计

USCOLD 和 UNEP 给出了一共 211 个尾矿库事故的统计案例，案例中尾矿库事故与坝高的关系见图 5-3 所示。

从图 5-3 中可以看出，57% 以上的尾矿坝事故发生在坝高小于

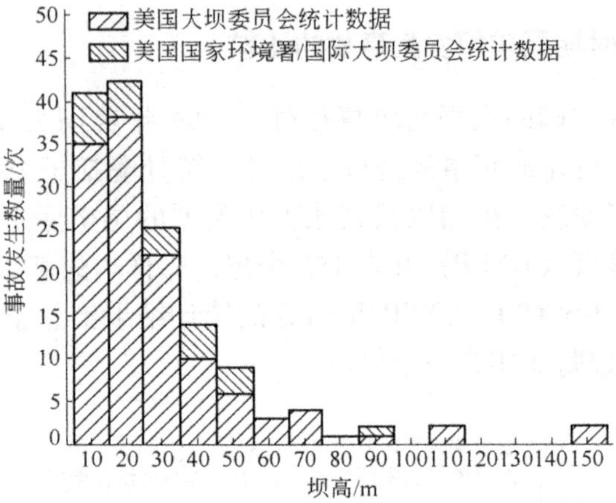

图 5-3 尾矿坝事故与尾矿坝坝高的关系

20m 的尾矿坝上。

坝的等级越高，检查力度越大，技术管理措施越规范，因而相对引起事故数较少。图 5-3 中 100m 以上的尾矿坝发生溃坝事故很少，充分验证了这一点。相反，原则上应比较安全的低坝（20m 以下）并没有引起人们的足够重视，以致发生事故数较多。

5.2.4 根据尾矿坝筑坝方法引起的后果情况统计

尾矿坝的坝体型式对其安全行为有很重要的影响。图 5-4 给出了不同筑坝形式和尾矿库事故之间的关系。从图可知，上游式尾矿库产生故障、发生事故的数量高于其他形式的尾矿库故障、事故数量。

原因之一是上游式筑坝的尾矿坝其坝体稳定性较差，但该坝型由于生产管理方便，早期一度被广泛使用。下游式堆筑方法的尾矿坝坝体是由抗剪强度较高、渗透性较强的粗尾矿堆砌而成，其稳定性较高。中游式筑坝工艺所需粗尾矿的数量较下游式筑坝工艺少，坝体稳定性介于上游式筑坝工艺和下游式筑坝工艺之间，在后期被广泛使用。从图 5-4 中还可以看出，欧美国家尾矿坝溃坝主要事故类型是产生故障和发生事故，造成地下水污染相对比较少，原因在于欧美国家

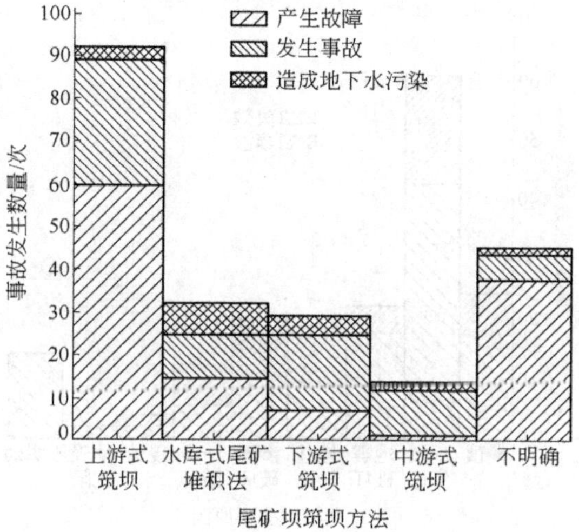

图 5-4 尾矿库事故与尾矿坝筑坝方法的关系

对水污染相当重视，对于预防水污染考虑比较多，尾矿库多建在远离村庄的偏远地带。

5.2.5 根据活动坝事故原因和事故类型统计

数据显示，88%以上的尾矿坝失事都发生在活动坝。从图 5-5 可以看出，活动坝失事类型中，失效约占 68%。对活动坝事故原因进行分析，由坝坡失稳引起的尾矿坝失事约占总失事数的 34%。坝坡失稳、漫顶和地震破坏是活动坝失事的主要原因，这与尾矿坝溃坝的主要危险因素基本一致。

5.2.6 国内尾矿坝溃坝分析

尾矿库是非煤矿山企业的重大危险源之一，近年来，尾矿库的安全运行问题，引起了人们的高度重视。

近两年，全国共发生尾矿库溃坝等较大和重大事故 17 起、死亡 41 人。因尾矿库溃坝造成人员伤亡和有毒污染物下泄的事故屡屡发生，给人民群众生命财产造成重大损失，对环境安全构成严重威胁。

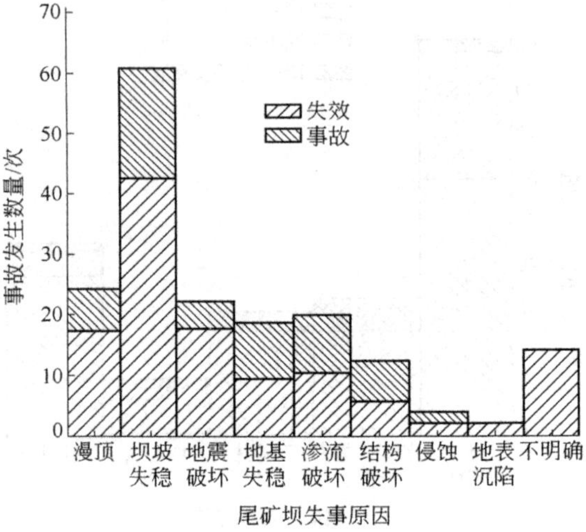

图 5-5　活动坝事故原因和事故类型比较

2003～2004 年国家安全生产监督管理总局开展了金属、非金属尾矿库安全状况的调查工作。此次共调查 2692 座具有代表性的尾矿库。其中，正常库 643 座，占 23.9%；经过正规设计的 1253 座，占 43.9%；定期进行过风险评价的 206 座，占 7.7%。由此可见，尾矿库的安全状况不容乐观。

通过对尾矿坝溃坝的事故分析发现，目前我国尾矿库安全主要存在以下几个方面的问题。

一是尾矿库设计和安全评价质量差。尾矿库的建设应遵循先勘察设计，后施工建设，再投产运行的程序进行。对发生溃坝的尾矿库进行分析，大部分尾矿库无正规设计。调查中发现部分尾矿库下游基础设施和居民多，一旦发生溃坝事故，后果将十分严重。例如 2006 年 4 月 30 日，陕西省商洛市镇安县黄金矿业有限责任公司尾矿库在加高施工时溃决，坝坡失稳，造成 17 人死亡、5 人受伤、76 间房屋损坏。根据事故调查，该尾矿库存在的主要问题是：无正规扩容设计，未经批准违法实施加高坝体扩容工程；违规超量排放尾矿，库内尾砂升高过快，尾砂固结时间缩短；安全超高、排水不畅，干滩长度严重不足；忽视危库周边安全管理，下游民房离尾矿库过近。

二是尾矿库许可工作的问题较多。目前，全国尚有 3675 座尾矿库，即占 58.7% 的尾矿库未取得安全生产许可证，且不少未取证的尾矿库仍在非法使用。

三是尾矿库基础工作薄弱。我国黑色、有色、黄金、化工、核工业、建材等行业的矿山尾矿库中，最大设计坝高 260m，超过 100m 的有 26 座，库容大于 1 千万 m^3 的有 10 座。坝高小于 30m 的小库占 80% 左右。各行业主要企业的尾矿库统计结果见图 5-6。由于先期建设和生产运行管理不规范，造成后期管理难度很大，且多数小尾矿库的日常管理很不规范。

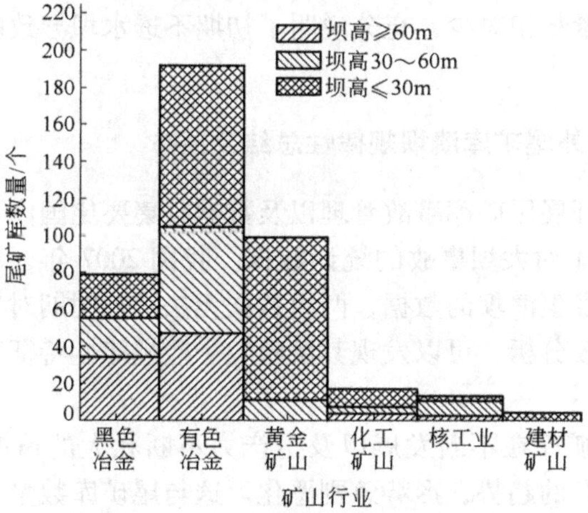

图 5-6 各行业主要企业的尾矿库统计结果

四是我国 90% 以上的尾矿坝都采用上游法筑坝，这种筑坝方法简单易行，便于管理，适应性强，筑坝费用低。但是坝体的沉积密度一般偏低，浸润线偏高，渗流难以控制。

五是尾矿库专业人员严重不足。1995 年以来，随着我国改革的深入，国家机构、机制进行了调整改革，老一代尾矿处理专业人员陆续退休，有的院所该专业后继乏人，尾矿库安全运行管理体系上遇到了困难，加上矿山企业以及从业人员的溃坝安全意识相对比较薄弱，造成这些年来许多小库缺乏正规设计。同时，安全监管人员也普遍存在不熟悉相关业务的情况，以致在日常检查中看不出尾矿库存在的隐患。

六是我国多数尾矿库的地理位置十分重要，选址时很难避开生态敏感区或人口密集区。有的位于大江、大湖、重要水源地上游，有的位于重要公交设施上游，有的在密集的居民区上游。一旦溃坝很容易造成房屋倒塌和生活水污染。

七是不透水初期坝导致溃坝事故数量多。不透水初期坝不利于后期堆积坝的排渗固结；透水初期坝具有较强的透水性，有利于后期堆积坝的排渗固结和坝体稳定，被广泛采用。尾矿坝初期透水坝相比不透水坝而言，数量明显多，通过事故统计分析发现其导致的溃坝事故、失效数量却相对少，充分说明了初期不透水坝导致的溃坝失事概率高。

5.2.7　国内外尾矿库溃坝规律性总结及预防

国际上开展尾矿库事故管理以及数据收集要比国内早得多，美国1988 年就有了对大坝事故的统计数据。我国 2007 年才收集了过去 7 年里尾矿坝发生溃坝的数据，两组数据无法进行同期对比。但通过两组数据的比较分析，可以发现其反映的一些规律性特征，并提出相应的建议。

（1）尾矿库在不断发展以及生产力不断壮大的情况下，溃坝事故有不断上升的趋势，形势急剧恶化。这与尾矿库数量越来越多，超库运行越来越严重有一定关系。政府部门应严格按照《尾矿库闭库安全监督管理规定》和《尾矿库安全技术规程》履行尾矿库闭库程序，对于颁发尾矿库安全生产许可证严格把关。

（2）国内和国外尾矿坝溃坝数据都反映出失事的尾矿坝中，一半以上其坝高不超过 20m，在监督管理检查时，尤其要对这类型尾矿坝引起重视。政府可以考虑将尾矿库安全生产许可的门槛提高，减少小型尾矿库数量，通过整合提高尾矿库规模。

（3）国内和国外尾矿坝溃坝数据都反映出上游式筑坝方法导致尾矿坝溃坝所占比例大，因此在尾矿坝建设中，应尽可能地采用中游式筑坝或下游式筑坝方法。

(4) 国内尾矿坝失事，主要的失事类型是造成水污染，而国外尾矿坝主要失事类型是产生故障。国内尾矿库选址应尽量避开下游居民区。

(5) 国内和国外尾矿坝溃坝数据都反映出造成尾矿坝溃坝的失事原因主要是坝坡失稳，在设计和管理中应引起注意。

(6) 不透水初期坝造成溃坝的几率比透水坝造成溃坝的几率要大，在设计时应尽可能采取透水初期坝。

(7) 我国应加紧建设和完善“尾矿库数字化安全管理”，做好全国范围内的尾矿库事故统计，对浸润线埋深、库水位、干滩指标、坝体变形、生产视频进行自动监测，为预防尾矿库事故发生起到很好的借鉴作用，也可进一步完善我国尾矿库设计规程。

以下几点对预防溃坝至关重要：

1) 改善尾矿坝设计及施工技术；

2) 不断修正尾矿库的尾砂量和库水位；

3) 评价下游的灾害及环境风险；

4) 调控坝体的安全。

5.3 尾矿坝的风险分析

5.3.1 风险分析方法

一个系统若想尽可能地找出所有的潜在危险，并确定它的危险等级，就需要一种适合其自身情况的风险分析方法。可采用鱼刺图法和风险评价指数（Risk Assessment Code，缩写 RAC）矩阵法相结合的方法，先用鱼刺图分析小型尾矿库存在的所有危险，再利用风险评估指数矩阵确定所有危险的风险指数。

鱼刺图法也称因果分析图法。在进行事故分析时，将事故的各种原因进行归纳、分析，并用简明的文字和线条加以全面表示，绘制成鱼刺形事故分析图形，即鱼刺图。用这种方法分析事故，可以使复杂的原因系统化、条理化，明确主要原因，以便于事故预防对策的制定和有效地防止事故的发生。

风险评估指数法是一种定性的风险分析方法。此种方法虽然没有定量分析那样精确，但它结合风险评估指数矩阵表，赋予风险以定性加权指数来评估风险的大小，然后在此基础上确立不同等级的风险区。风险评估指数法主要分以下步骤：

（1）对风险事件后果进行级别划分。指按风险事件后果的严重程度，将风险事件的后果分为若干级别（见表 5-2）。

表 5-2　危险严重等级

级　别	危险性	后　　果
Ⅰ级	灾难的	造成多人死亡或系统报废
Ⅱ级	严重的	造成个别人重伤、死亡，系统严重损坏
Ⅲ级	危险的	造成轻伤，系统轻度破坏
Ⅳ级	轻微的	微伤害，系统损坏轻于Ⅲ级

（2）对风险事件发生概率进行级别划分。指按风险事件发生可能性的大小，将风险事件发生概率划分为若干级别（见表 5-3）。

表 5-3　危险概率等级

级　别	可能性	发生情况
A 级	频繁	经常发生
B 级	可能	在寿命期内会出现若干次
C 级	有时	在寿命期内可能有时出现
D 级	很少	在寿命期内不容易出现
E 级	不易	在寿命期内几乎不会出现

（3）将风险事件发生概率和风险事件后果等级制成风险矩阵，并赋予矩阵定性的加权指数，形成风险评估指数矩阵（见表 5-4）。分别将风险事件发生概率和风险事件后果分成 m 和 n 级，建立一个 n 行 m 列的风险矩阵。其中风险矩阵的每一行与某一级别风险事件后果相对应，每一列与某一级别风险事件发生概率相对应。然后，通过对风险的定性分析，给出矩阵元素对应风险的定性加权指数，最终形成风险评估指数矩阵。矩阵中的定性加权指数也称为风险评估指数，

用来衡量矩阵中每个元素所对应风险的严重程度。根据风险矩阵中的指数，可以对系统进行风险等级划分（见表5-5）。

表5-4 风险评估指数矩阵

等 级	Ⅰ级	Ⅱ级	Ⅲ级	Ⅳ级
A级	1	2	7	13
B级	2	5	9	16
C级	4	6	11	18
D级	8	10	14	19
E级	12	15	17	20

表5-5 风险等级

危险指数	危险程度	接受准则
1~5	灾难的	立即进行排除
5~9	危险的	立即采取措施
9~17	临界的	应采取措施加以控制
17~20	安全的	无须评审，可以接受

5.3.2 小型尾矿坝的危险分析

小型尾矿库分布比较分散，一般都靠近村庄、工厂和道路等人口密集的地方，严重威胁着人们的生命和财产安全。为了有效地控制和降低小型尾矿库存在的风险，首要的是对小型尾矿库进行风险分析，使企业认识到风险所在。

尾矿库一般由尾矿坝、尾矿输送系统和排水系统3部分组成。尾矿坝是尾矿库中最重要的部分，直接影响尾矿库的安全。尾矿坝通常包括初期坝和后期坝（也称尾矿堆积坝）。初期坝多为土石料建筑而成的土坝，是尾矿坝的支撑棱体，具有支撑后期堆积体和疏干堆积坝的作用。后期坝是选矿厂投入生产后。在初期坝的基础上利用尾矿逐年堆筑而成的，是拦截细粒尾矿和水的支撑体。尾矿坝构造简单，施工容易。一般尾矿坝的结构如图5-7所示。

尾矿坝的坝高随着容量的增加而增高，坝体一旦溃决，库内的尾

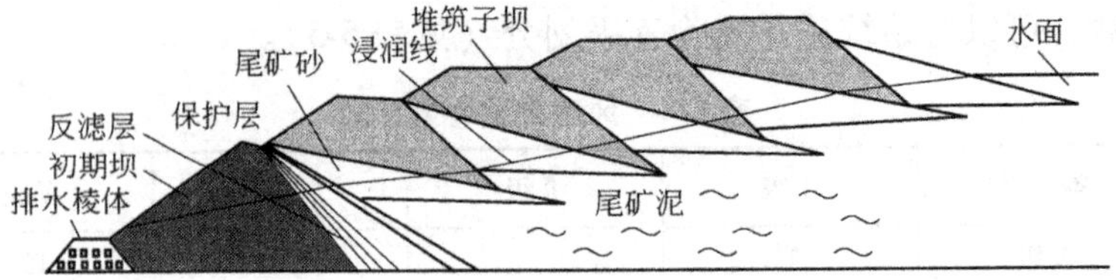

图 5-7　尾矿坝基本结构

矿砂、泥浆和水就会以泥石流的形式涌出，对下游居民的生命财产造成严重损害，也将给企业带来不可估量的损失。因此，按照“安全第一，预防为主”的方针，做好尾矿坝的安全管理工作，提高坝体稳定性，确保尾矿坝的安全，对企业、社会和国家都具有非常重要的意义。

小型尾矿坝存在的危险多种多样，其发生原因也不尽相同。为查明这些原因，用因果分析图法（鱼刺图法）将事故的原因和结果所构成的错综复杂的因果关系以简明的文字和线条加以全面表示。分析结果如图 5-8 所示。

由图 5-8 可知，尾矿坝的缺陷可分为筑坝缺陷、运行缺陷、管理缺陷和维护与闭库缺陷，而每种缺陷又由多种原因引起。归结起来主要有两点基本原因：一是小型尾矿坝规模小，生产中人们往往忽视其危险性，不严格按正规设计施工；二是小型尾矿坝的管理者多来自农村，缺少基本的安全知识和技术。

5.4　尾矿坝灾害区域预警

尾矿坝的建造有较长历史，如 Brent 尾矿坝于 1830 年中期已经建成。尾矿坝的各类灾害时有发生，这些灾害中，溃坝带来的人员伤亡、环境污染及经济损失最为严重。西班牙 Aznalcbllar 尾矿坝 1998 年溃坝，下游 4600 万 m^3 区域受到污染。意大利 Stave 尾矿坝 1985 年的溃坝导致了近 300 人死亡和巨大的财产损失。1994 年南非 Merriespruit 尾矿库溃坝，导致 17 人死亡。1995 年圭亚那（Guyana）Omai 金矿尾矿坝破坏后，900 名圭亚那人因饮用被氰化物污染了的水而死

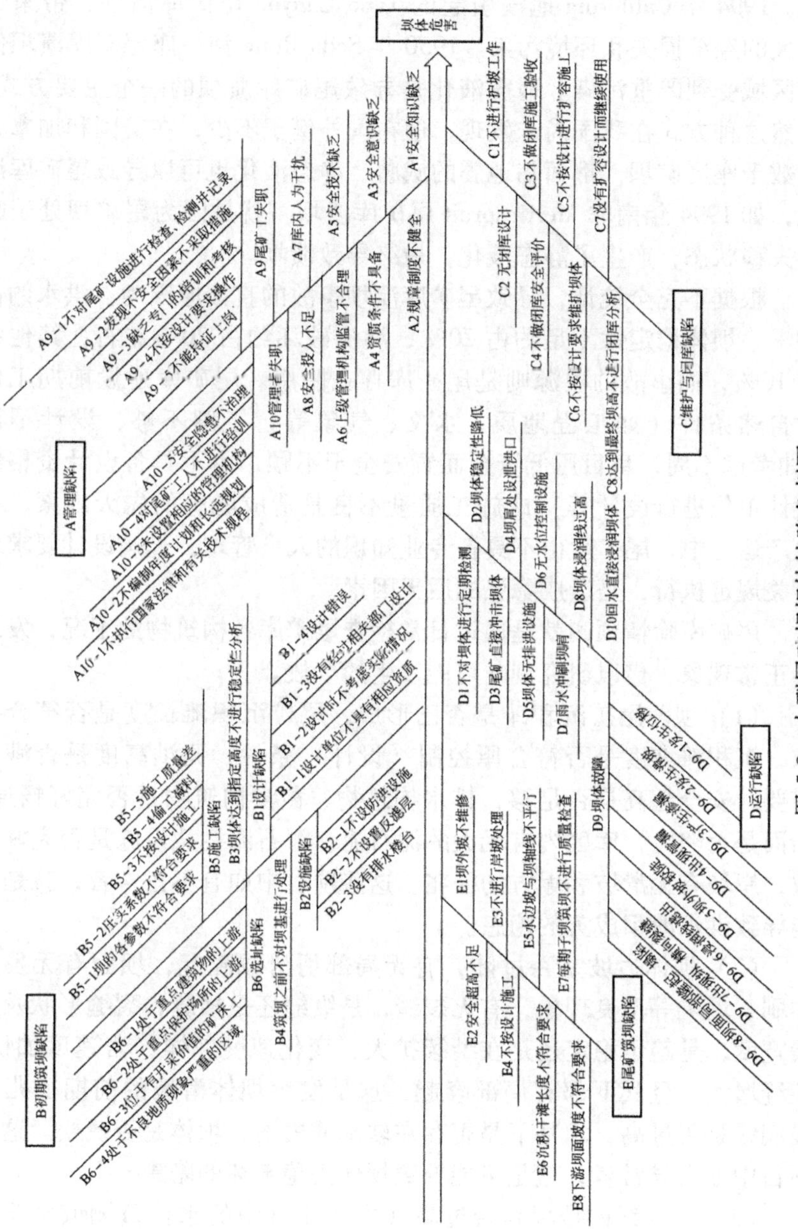

图 5-8 小型尾矿坝坝体缺陷鱼刺图

亡。1994 年 California 地震引起的 Tapo Canyon 尾矿库溃坝，带来了巨大的经济损失和环境污染。1950 年 Soda Butte 河一座尾矿库溃坝使该区域受到严重污染。地震液化是导致尾矿库溃坝的一个主要方式，虽然这种方式在我国尚未发现，但在国外例子不少，在美国和加拿大有数千座尾矿坝，都面临地震的威胁。静态液化也可以导致尾矿库溃坝，如 1994 年南非 Merriespruit 尾矿库溃坝，就是因为尾矿坝处于临界失稳状态，产生了静态液化，最终导致溃坝。

根据不完全统计，导致尾矿库溃坝事故的直接原因为：洪水约占 50%，坝体稳定性不足约占 20%，渗流破坏约占 20% 左右，其他约占 10%，而事故的根源则是尾矿库存在隐患。尾矿库建设前期工作对自然条件（如工程地质、水文、气象等）了解不够，设计不当（如考虑不周，盲目压低资金而置安全于不顾，由不具备设计资格的设计单位进行设计等）或施工质量不良是造成隐患的先天因素。在生产运行中，尾矿库由不具备专业知识的人员管理，未按设计要求或有关规定执行，是造成隐患的后天因素。

尾矿库险情预测就是通过日常检查尾矿库各构筑物的工况，发现不正常现象，借以研究判断可能发生的事故。

（1）坝前尾矿沉积滩是否已形成，尾矿沉积滩长度是否符合要求，沉积滩坡度是否符合原控制（设计）条件，调洪高度是否满足需要，安全超高是否足够，排水构筑物、截洪构筑物是否完好畅通，断面是否够大，库区内有无大的泥石流，泥石流拦截设施是否完好有效，岸坡有无滑坡和塌方的征兆。这些项目中如有不正常者，就是可能导致洪水溃坝成灾的隐患。

（2）坝体边坡是否过陡，有无局部坍滑或隆起，坝面有无发生冲刷、塌坑等不良现象，有无裂缝，是纵缝还是横缝，裂缝形状及开展宽度，是趋于稳定还是在继续扩大，变化速度怎样（若速度加快，裂缝增大，且其下部有局部隆起，这是发生坝体滑坡的前期征兆），浸润线是否过高，坝基下是否存在软基或岩溶，坝体是否疏松。这些项目中如有异常者，就是可能导致坝体失稳破坏的隐患。

（3）浸润线的位置是否过高（由测压管中的水位量测或观察其溢出位置），尾矿沉积滩的长度是否过短，坝面或下游有无发生沼泽化，沼泽化面积是否不断扩大，有无产生管涌、流土，坝体、坝肩和不同材料结合部位有无渗流水流出，渗流量是否在增大，位置是否有变化，渗流水是否清澈透明。这些项目中如有不正常者，就是可能导致渗流破坏的隐患。

美国、日本等在尾矿库安全运行监测上，已经建成了现场实时数据采集、数据资料综合分析和安全警报的监测预警系统。我国现今仍主要是由人工采用传统仪器到现场进行测量，这样不仅工作量大，而且易受天气和现场条件状况的影响，不能实时获取尾矿库运行数据，测出的数据存在一定的系统误差和人工误差，资料的整理与分析更是滞后，以致坝体出现隐患时不能及时准确地发现。目前，少数矿山也采用了远程实时监测系统对一些安全指标进行监测，但由于缺乏系统理论研究及关键技术，没有建立一套综合完善的监测系统，不能真实的反映矿库的安全状况。

为了实现尾矿库安全监测的自动化、科学化，最大程度地提高尾矿库灾害预测的准确性，北京矿冶研究总院与中国安全生产科学研究院把现代测控技术与尾矿库监测理论有机地结合，开发尾矿库安全监测预警系统。实现了对坝体浸润线、防洪能力、坝体位移和降雨量综合指标的自动监测，建立了尾矿库监测数据专家分析系统，直观地掌握坝体的实时动态，进行综合评价、预警预报。

(1) 浸润线监测。尾矿坝的坝体和坝基层总是透水的，当上游式尾矿坝坝体挡水时，在上下游水位差的作用下，水流将通过坝身和坝基（包括两岸）向下游渗透，渗透的水流在坝体内的自由水面，称为浸润面，它与垂直坝轴线的剖面交线称为浸润线。

系统实时自动测量坝体浸润线标高。根据技术分析需要，绘制监测点孔隙水压力历时曲线图及浸润线深度，并对浸润线超出设定或发生突变时及时给出预警预报。

(2) 调洪库容。调洪库容是通过测量库水位和干滩高程间接获得的。库水位是尾矿库在某一时间的自由水面的高程。干滩也叫沉积滩，干滩指标包括沉积滩滩顶高程、滩前某处的特征高程（比如三等库 70m 处）等。

系统实现实时、自动监测尾矿库库水位，测量误差小于 20mm，符合尾矿库技术规程的要求。实时测量尾矿库滩顶高程、特征高程，测量误差小于20mm。计算调洪库容，绘制库水位历史曲线图，干滩变化历史曲线图、调洪库容历史曲线图。

（3）坝体位移监测。坝体形变是尾矿坝在某一时间段内发生的位移速度比较缓慢地向水平方向、垂直方向沉降的变形。

由于溃坝形式有浅层滑动、深层滑动和整体滑动等多种形式。因此，设置坝面位移和坝内位移监测，形成坝体空间位移监测网络。系统采用 GPS 监测坝体表面位移，利用光纤位移传感器进行内部位移监测。系统实现历史数据图表分析，位移越限自动报警。

（4）降雨量。通过雨量计自动获取雨量数据，以及根据降雨量的情况预测库水位发展变化趋势，绘制历史曲线图。

5.5　尾矿坝的抗震鉴定与加固

我国地处环太平洋地震带和喜马拉雅—地中海地震带之间，是一个地震活动频度高、强度大、震源浅、分布广的国家，据史料记载，我国发生 8 级以上的强震达 19 次之多，给人类造成巨大的损失和灾难。40 多年来，地球上发生了几次大地震，例如：1959 年墨西哥地震、1960 年智利地震、特别是 1964 年的日本新泻地震、1971 年美国 San Fenado 地震、1995 年日本阪神地震，以及我国 1966 年的邢台地震、1976 年的唐山地震、2008 年的汶川地震，所引起不同程度的喷砂冒水、地面下沉和大规模滑坡，使得对土的液化和边坡稳定性的深入研究更加必要和迫切。

进入 21 世纪，世界各地的地震依然异常活跃，2004 年 10 月 23 日，日本新泻中越地区发生里氏 6.8 级地震，死亡 40 人左右，此次大地震造成了约 3 万亿日元的经济损失。

当地时间 2004 年 12 月 26 日上午，印尼苏门答腊岛附近海域发生里氏 7.9 级强烈地震并引发海啸，东南亚和南亚数个受波及国家死亡或失踪人数近 17 万人。

2005 年 2 月 22 日，伊朗东南部克尔曼省扎兰德市郊区发生里氏 7.9 级强震，造成 600 多人死亡，近千人受伤。

2005 年 3 月 28 日，印尼苏门答腊岛附近海域发生里氏 8.5 级地震，造成重大人员伤亡和财产损失。其中灾情最重的尼亚斯岛有633人死亡，50人失踪，约2.76万人无家可归。

2005年10月8日，巴基斯坦控制的克什米尔地区发生里氏7.8级强震，造成7.3万人死亡，近13万人受伤，280万人无家可归。

2005年11月26日，江西九江、瑞昌间发生里氏5.7级地震，造成17人死亡，8000余人不同程度受伤，房屋倒塌1.8万间。

2006年3月30日和31日，伊朗西部洛雷斯坦省两座城市博鲁杰尔德和多鲁德附近地区发生数次里氏5至6级地震，造成66人死亡，近千人受伤。

2006年12月27日，中国台湾屏东恒春近海发生6.7级地震，地震造成2人死亡、42人受伤。

根据中国地震台网中心公布的数据，2007年全球8~9级地震2个，7~8级地震20个，6~7级地震20个。其中，中国6~7级地震9个，5~6级地震10个，4~5级地震6个。

2008年2月20日，印尼西部遭遇7.6级强震，致3人死亡25人受伤。美国地质调查局称此次地震发生在苏门答腊西海岸附近的锡默卢岛，此地区是2004年印度洋海啸受灾最严重的地区。印尼卫生部官员称，锡默卢岛上许多建筑物都受损并且有3人死亡，至少25人受重伤。

2008年5月12日14时28分，四川省汶川县发生8.0级强烈地震，震中最大烈度达11度。这次地震是新中国成立以来震级最强、波及的范围最广、造成的灾害损失最大、抗震救灾难度最大的一次地震，给震区特别是震中附近广大范围内造成重大灾害。国务院新闻办公室根据国务院抗震救灾总指挥部授权发布：截至2008年9月25日12时，汶川地震已确认69227人遇难，374643人受伤，失踪17923人。直接经济损失8451.4亿元人民币，其中四川的损失是最严重的，占到总损失的91.3%，甘肃占到总损失的5.8%，陕西占总损失的2.9%，其他各省的损失之和不到20亿元。在这些损失中，建筑物和基础设施的损失确实很大，占到了总损失的7成。按照比例排序，民房和城市居民住房的损失最大，占总损失的27.4%。基础设施包括道路、桥梁和其他城市基础设施的损失为其次，占到总损失的

21.9%，包括学校、医院在内的其他非住宅用房的损失为第三，占总损失的20.4%。这三项之后，损失排序依次为工业占7.7%，服务业4.9%，农业4.5%，居民财产4.4%，土地资源3.3%，社会事业3.2%，文化遗产1.1%，矿山资源0.7%，自然保护区0.6%等。

2008年8月31日上午，四川省攀枝花市发生6.1级地震，截至9月1日11时，地震共造成36人死亡，506人受伤。其中四川会理县25人死亡238人受伤，攀枝花市5人死亡132人受伤；云南楚雄州6人死亡132人受伤，昆明市禄劝县4人受伤。地震还造成房屋道路损失：四川攀枝花约3万间房屋受损，近400间房屋倒塌，7座水库受损，21座山坪塘受损，22条公路不同程度受损，3座大型桥梁受损，成昆铁路线一度中断，部分站点有不同程度损毁，3列货物列车停运；四川凉山州3座水库开裂，3座网络通讯基站受损，1000余间房屋倒塌。部分地方出现道路、沟渠垮塌及房屋拉裂现象；云南楚雄州数万间民房、600余间校舍、200余栋机关企事业单位建筑不同程度受损；260座水库坝塘受损；8条通讯线路、6条电力线路受损。

中国地震局地质研究所所长、国家汶川地震专家委员会南北带地震构造研究组组长张培震2008年2月26日向全国人大常委会组成人员作中国地震灾害与防震减灾专题讲座时，对中国的地震灾害与地震地质构造作了全面介绍，统计结果表明1900年到2007年间，我国大陆地区已经发生7.0至7.9级地震70次，8.0级及以上地震6次，这些地震造成的灾害涉及28个省份，死亡59万人，伤残76万人，受灾达数亿人次。

中国大陆强震的分布是不均匀的，其最显著特征是西强东弱，有历史记载以来，以东经107度为界，西部共发生7级以上强震91次，东部只发生27次（台湾省和东北深震除外）。但是由于东部人口稠密经济发达，地震形成的灾害要远大于西部。地震活动西强东弱的原因是中国大陆构造变形的主要动力来自于印度板块对青藏高原的推挤。

大陆强震还具有明显的分带性，强震沿地震带集中发生。

新疆的强震主要沿南天山和北天山地震带发生，特别是南天山与帕米尔交界的乌什地区更是全球大陆强震的高发区，地震类型以挤压逆冲为特征，反映了天山山脉向塔里木和准噶尔盆地的双向逆冲作用。

青藏高原的强震多数发生在周边地震带上，其南边界是弧形的喜马拉雅地震带，有历史记载以来发生过5次8级以上强震；东边界是著名的南北地震带，“5·12”汶川大地震就发生在这里；北边界是祁连山—阿尔金地震带，也控制了一系列7级以上历史强震的发生；高原内部的强震则主要发生在一些大的断裂带上，如1954年西藏当雄8级地震发生嘉利断裂带上，2001年昆仑山口西8.1级地震发生在昆仑断裂带上。

川滇地区也是中国大陆地震活动强烈的地区，有历史记载以来共发生7级以上强震23次，主要沿鲜水河—小江地震带和滇西（腾冲—澜沧断裂）地震带分布。

由陕西渭河盆地、山西盆地带、内蒙河套盆地带、银川盆地和六盘山区组成的鄂尔多斯周缘地震带则是另一个强震活动带，控制了有历史记载以来的19次7级以上强震的发生。其中1556年陕西华县8级大地震及后续次生灾害造成了83万人的死亡，是有历史记载以来死亡人数最多的一次地震事件。而1920年宁夏海原8.5级地震形成了长达215km的地表破裂，造成了20万人的死亡。

华北平原地震区有历史记载以来发生过7次7级以上强震。东部沿郯城—庐江断裂，1668年发生过8级强震。北边界的张家口—渤海断裂带与盆地内北东向断裂的交界地带往往是强震的孕育场所，如1679年三河—平谷8级地震和1976年唐山7.8级地震。华北平原的7级以上地震还沿内部主要活动断裂发生，如1937年山东磁县和1966年邢台地震。

东北吉林和黑龙江一带的7级以上强震发生在600～700km深度范围内，不对地表形成强烈破坏，是太平洋板块下插入日本岛弧和中国大陆之下的结果。除了福建和广东东南沿海受台湾海峡地质构造运动影响发生过7级以上强震之外，中国大陆的其他地区强震活动相对较弱，一般很少发生7级以上的破坏性地震。

上述强震活动受中国大陆周边动力环境和内部地质构造的控制。中国大陆地处欧亚板块的东南部，为印度板块、太平洋板块和菲律宾海板块所挟持，板块间的相对运动和板内动力作用控制着中国大陆地震的空间展布格局，其最显著的特征之一就是巨大的活动断裂十分发育，将中国大陆切割成为不同级别的活动地块。

活动地块边界带也就是重要的地震带，例如青藏地块的东边界带就是著名的南北地震带，“5 · 12”汶川大地震发生在其中段的龙门山断裂带上，这就是中国大陆地震成带分布的原因。

距“5 · 12”汶川大地震 200 多公里的岷江断裂，1933 年发生 7.3 级叠溪地震，地震本身造成了约 6000 人的死亡，但地震滑坡形成了几个堰塞湖，48 天之后溃坝，冲毁了下游村庄，造成 2500 人的死亡。这一惨痛的历史教训表明，中央采取果断措施，迅速治理“5 · 12”汶川大地震形成的堰塞湖是完全正确和非常及时的。

种种迹象表明当今世界的地震活动是非常频繁的，所以要对地震引起的灾害有充分的认识及加强防范意识。积极开展防震减灾，最大限度地减轻地震灾害应该是我国的基本国策之一。

国外一些尾矿坝遭遇地震时所产生的震害是令人震惊的，国内一些遭遇地震的尾矿坝，虽然没有形成溃坝的恶果，但也发生了一些明显的震害。

据文献记载，早在 1928 年 10 月 1 日经历一次大地震之后，几分钟内，智利 Barahon 尾矿坝就破坏了。该坝高 63m，坝的内坡为 40° ~45°。这次破坏主要从坝内液化开始，随后造成坝内侧滑动，400 万 t 尾矿泻入山谷，导致 45 人死亡。

1965 年 3 月 28 日，智利中部发生了具有破坏力的地震。震级为 7 ~7.25 级，在距离震中 100km 范围内的埃尔科布雷、耶罗别霍、洛斯马基斯、拉巴塔瓜、拉迈纳、塞罗内格罗、埃尔塞拉多、贝拉维斯塔、埃尔维塞和塞罗布兰科等许多矿山尾矿坝均遭受破坏。其中埃尔科布雷新旧两座尾矿坝距震中 40km，该处地震烈度为 8 ~9 度，尾矿坝几乎全部被毁。200 万 t 尾矿泻入山谷，几分钟之内泻出 12km，导致 200 多人死亡。

1978 年 1 月 14 日，在日本 Izu Peninsula 海东南部发生 7 级地震，导致 Mochikoshi 金矿两座尾矿坝破坏。其中 1 号尾矿坝在主震后 10s 破坏，2 号尾矿坝在主震后约 24h 破坏。1 号尾矿坝破坏导致近 8 万

m^3 尾矿及火山灰从库内往下游泻出，给当地的生态环境和人民的生命财产造成很大的损失。

1976 年 7 月 28 日，唐山丰南发生 7.8 级强烈地震，首钢大石河尾矿坝与新村尾矿坝经历了强烈地震，震后经调查，尾矿坝和初期坝并没有发生大的坍塌破坏事故，只是在尾矿坝的局部外坡和上游尾矿沉积滩上产生裂缝、喷砂冒水即向尾矿澄清水池塌滑等灾害。

2008 年 5 月 12 日，四川省汶川县发生 8.0 级地震。四川省 4 座尾矿库受损，甘肃有 26 座受损，陕西省仅略阳县就有 33 座尾矿库不同程度受损：其中煎茶岭原华澳公司黄家沟尾矿库子坝发生溃坝，约 3 万 m^3 尾砂下泄，矿渣埋没了西渠沟村 4 户村民 20 间民房，同时将下方河道拦腰截断，形成大面积的堰塞湖；小汉钢木瓜岭尾矿旧库子坝出现裂缝、新库基础坝出现移位现象；鑫峰何家岩铁矿尾矿库子坝、宏源公司尾矿库排洪沟出现明显裂缝；风华公司大坝尾矿库子坝移位下沉，险情较为严重；四川米易县安宁铁钦尾矿库溢洪洞盖板产生裂纹、裂缝。所幸此次地震没有引起较大的尾矿库次生灾害。

根据国内外一些尾矿坝震害分析可以得出一些经验：

（1）国内外现存的上游式修建的尾矿坝对地震作用非常敏感，例如在智利滩长较短只有 30 ~ 40m 的尾矿坝在 6 度地震作用下就可发生灾难性的破坏。基于这一事实，在国外对上游筑坝法的正当性提出了异议，甚至从地震稳定性考虑主张放弃上游式筑坝，而采用其他方法修建。

（2）在 6 度及其以上强度的地震作用下，库内饱和尾矿堆积体就可能发生液化。在智利的一些目击者称，在地震时库内尾矿堆积体的表层部分变成了悬浮液并被激起波浪。被液化的尾矿堆积体的抗剪强度降低，加大了它对非液化部分的侧向推力，从而使尾矿坝的稳定性降低，甚至发生破坏。在这种机制下，地震对尾矿坝稳定性的作用主要表现在使尾矿液化上，即其物理力学状态的变化；相对而言，惯性力使滑动力矩增加的影响则是次要的。因此，一般概念上的拟静力法不可直接搬来分析尾矿坝的地震稳定。

（3）尾矿坝在地震时丧失稳定性的一般形式是流滑。流滑有时会引发严重的次生灾害，如淹没城镇、土地、堵塞河道以及化学污染等。对于其下游地区人口稠密或有重大设施的尾矿坝的地震稳定性应给予特殊的关注。

（4）根据国外尾矿坝震害经验，处于排放期的尾矿坝比废止的尾矿坝更易发生流滑。处于排放期的尾矿坝，在库内尾矿料堆积体表层之下一定深度内处于次固结状态，自重产生的正应力还没有完全转变成有效正应力，其抗液化能力较低，对地震作用更为敏感。表层以下处于次固结状态部分的发展深度和其欠固结程度与排水途径的长短、尾矿料渗透系数的大小有关。当研究处于排放期尾矿坝的地震稳定性时，表层尾矿堆积体欠固结的影响应予以考虑。

（5）在库内尾矿堆积体的表面坡度十分平缓，因此，库内尾矿堆积体中土单元的受力状态与水平地面下土单元的很相近。这一特点为用一维简化法计算尾矿坝堆积体中土单元所受的静、动应力提供了可能。

有文献报道地震是导致尾矿坝事故的第二大原因，国内外震害经验也表明，地震时尾矿坝容易产生液化，使尾矿坝丧失稳定性，给下游区域生态环境、人民的生命财产等带来巨大危害，而国内大多数尾矿坝为上游式筑坝并建在地震区，所以研究地震条件下尾矿坝的液化、变形、稳定及其抗震措施是非常有意义的工作。

尾矿坝抗震设计时，国内外一些可以参考的规范或设计标准有：《选矿厂尾矿设施设计规范》（ZBJ1—90）、《构筑物抗震设计规范》（GB 50191—93）、《水工建筑物抗展设计规范》（GB SL203—97）、日本《弃石、矿渣堆积场设计标准及说明》、澳大利亚《Guidelines on Dams Safety Management》、美国《Guidelines on Design Features of Dams to Effectively Resist Seismic Ground Motion》、智利《Regulation on the Construction and Operation of Tailings Dams》等。

尾矿库原设计抗震标准低于现行标准时，必须进行加固处理。提高尾矿坝抗震稳定性可采取以下措施：

（1）在下游坡坡脚增设土石料压坡；

（2）对堆积坡进行削坡；

（3）对坝体进行加密处理；

（4）降低库内水位或增设排渗设施，降低坝体浸润线。

震前应注意库区岸坡的稳定性，防止滑坡破坏尾矿设施。尾矿坝50m内若存在活动断层，尾矿坝的防震按照同等类别提高1度。上游建有尾矿库、排土场或水库等工程设施的尾矿库，应了解上游所建工程的稳定情况，必要时应采取防范措施避免造成更大损失。震后应进行检查，对被破坏的设施及时修复。

5.6　尾矿库环境影响指标体系与评价

安全与环境一直是国外尾矿坝研究的重点。尾矿库水含有很多有害元素，其流失会造成周围水系的严重污染。当发生溃坝时，尾矿坝对环境所造成的污染是十分巨大的。西班牙 Aznalcollar 尾矿坝溃前，地下水的含水层是以钙-碳酸盐和钙-硫酸盐的形式存在，中等矿化，pH值呈中性；溃坝后，水中的金属浓度大大提高。当尾矿直接进入水系时，其危害更大。如 Carson 河由于被倒入 Hg 浓度含量超过几百倍的尾矿，严重污染了下游的 Lahontan 水库和 Stillwater 野生生物管理区。玻利维亚 Porco 矿尾矿坝1996年释放了大约23.5万m^3尾矿水流入到 Rio Pilaya 流域，造成了 As、Sb、Cd 等重金属含量提高，甚至在离矿区20km处还有影响。Di G. F. 等分析了意大利 Sardinia 的 Masua 铅锌矿尾矿坝和废弃的 Montevecchio 铅锌矿尾矿坝渗流水流过区域的土壤和水，发现含有严重的重金属 Pb、Zn、Cd、Cu 污染。

对于尾矿坝污染以及污染对象，研究者进行了大量的监测研究。Sorrell S. 认为在坝体设计时就要将监测考虑进去；Buselli G.，Lu K. 在澳大利亚北部 Ranger 矿区成功应用电法和电磁法来探测尾矿坝渗流。Blight G. E. 运用表面能量平衡法评价尾砂表面的蒸发量和蒸发率。Oman 矿业公司在尾矿坝下游14km范围内布设了一个监测井网，获得了1982～1993年地下水的污染数据并进行了分析。Chomshei M. M. 等在加拿大 Nickel Plate 矿采用综合水化学和同位素的方法来测试尾矿库的渗漏，进而评价库水对地下水的污染。Kemper T. 等采用花费少且快速的反射光谱法预测重金属土壤污染。Martin P. 等在 Ranger 铀矿尾矿坝附近设置监测井对水质进行监测，发现硫酸盐的浓度提高了1000倍，而且也观察到了 Ra；同时，还采用镭的同位素及 Th 和 Ac 对钻孔水进行监测。Fernandes H. M. 等在巴西 Pocos de

Caldas 尾矿坝，通过获取的重金属和放射性元素的监测数据，评价其对地表和地下水的污染，以及未来闭库后潜在的环境影响。

为了减少尾矿水对环境的污染，研究者进行了污水治理方法的研究，Groudev S. N. 等认为含重金属、放射性砷以及硫酸盐的尾矿库污水，可以有效地被由厌氧菌和潮湿土壤组成的实验室无源系统治理，厌氧菌包含在一个由家禽肥料、麦秆及锯屑等组成的混合体中。Wilson H. R. 介绍了一种防止尾矿坝渗漏的方法，即采用粉砂堆筑坝体时，在迎水面进行不透水人工衬砌，并采用聚氯乙烯。

关于尾矿坝污染的理论研究，Paulson 等在美国 Idaho 的 Moon Creek 流域，研究了尾矿坝下游金属离子的转移规律以及金属离子浓度的控制。Langedal M. 对比分析了尾矿库及其流域中 Cu、Mo 化学存在形式及含量变化。Peters G. P. 等对于尾矿坝这样一类的多孔介质，模拟其溶解物流动；由块体平衡理论得出变形多孔介质流动和传输方程，认为多孔介质大变形时溶解物通过时间较短，其次是小变形，最后是刚性；同时，还认为在大变形分析中，考虑时空特征是非常重要的。

5.7 尾矿坝安全事故案例分析

尾矿坝作为矿山开采的三大控制性建设工程之一，也是特殊的工业建筑物。尽管尾矿坝的建造有较长历史，如 Brent 尾矿坝于 1830 年中期建成，人们一直很重视它，但国内外尾矿坝的各类灾害时有发生，这些灾害中，溃坝带来的人员伤亡、环境污染及经济损失最为严重。

国外尾矿库的各类灾害事故也时有发生，这些灾害中，溃坝带来的人员伤亡、环境污染及经济损失严重。

2000 年 1 月 30 日，罗马尼亚乌鲁尔金矿尾矿库的尾矿坝发生泄漏，10 万多升含有氰化物、铜、铅等重金属的污水流入多瑙河支流蒂萨河，污水流经之处，所有的生物一律暴毙，影响非常恶劣。2000 年 10 月 18 日广西南丹县鸿图选矿厂尾矿库发生垮坝事故，造成 28 人死亡，56 人受伤，直接经济损失 340 万元。

建国以来，仅有色金属矿山尾矿库就发生过多起恶性事故。如

1960年8月27日，岿美山钨矿发生尾矿坝洪水漫顶事故；1962年9月26日云南锡业公司大谷都发生尾矿坝溃决事故，造成了巨大经济损失，在当时产生了恶劣的影响；1971年7月银山铅锌矿尾矿库发生洪水漫顶事故。

5.7.1　国内尾矿坝安全事故案例分析

（1）云南锡业公司火谷都尾矿库及江西赣南某钨矿尾矿坝大坍塌。云南锡业公司火谷都尾矿库发生溃坝事故，死伤263人，直接经济损失达2000多万元，直接原因就是洪水漫顶；江西铜业银山铅锌矿，1962年7月2日上午因排水管质量差，引起排水管折裂，各管段相互错动，减少过水断面，排水量达不到设计要求，以致尾矿库洪水漫顶、溃坝；江西赣南某钨矿尾矿坝，因为矿山资源枯竭等原因而停产关闭，矿井停产关闭后，尾矿库也就自然停止使用，但没有对尾矿库实施闭库处理，而是顺其自然，无人管理。结果于1993年5月因尾矿库内排水井被树枝石块等杂物堵塞，排水不畅，导致尾矿库内的水位上涨，造成尾矿库的主坝一半溃决，洪水夹带着尾砂呼啸而下，形成泥石流，冲毁了下游许多民房，淹没了数百亩良田，使下游的河床平均抬高了2.5m，损失惨重，教训深刻。该坝被破坏的主要原因是洪水漫顶、排洪排水管失效。

（2）陕西镇安尾矿坝大坍塌。陕西省镇安县黄金矿业有限责任公司位于镇安县城东60km的米粮镇光明村，始建于1993年10月，是集采、选、冶于一体的黄金企业，日处理矿石300t。同期修筑的尾矿库库容约100万m^3，曾先后5次增容加坝。2006年4月30日18时40分，镇安县黄金矿业有限责任公司对其尾矿库实施第六期加坝增容施工时，部分主体坝突然垮塌，尾矿浆瞬间奔涌而下，将坝下9户群众40间房屋吞噬。初步查明，有17人下落不明。据官方报道，金矿尾矿库的六期加坝增容工程中，后四期都属自行设计、自行施工的违规操作，设计、施工方并无相关资质。据了解，镇安金矿尾矿库一、二期工程设计容量为30多万立方米，三、四、五期违规加坝工程使尾矿库增容至近百万立方米。事故发生在尾矿库坝第六次违规加坝增容时。还有专家认为，在自行加高时，尾矿坝周围在放炮，坝上有机械、车辆的震动，引起局部液化，这从破坏时喷出很远的浆液可以判断出。

另外，根据调查，有些中小尾矿坝，完全是复制其他尾矿坝的设计来应付检查，其中许多没有勘察设计及施工验收资料。

（3）“5 · 18 尾矿库溃坝”事故。2007 年 5 月 18 日上午 10 点多，山西宝山矿业有限公司尾矿库中部距坝顶 20m 处，被发现约有 $3m^2$ 左右异常泛潮及部分渗漏，尾矿工当即一方面按照常规采取抢救措施，一方面向分管领导汇报。宝山公司领导接到报告后，下令选厂立即停产，并启动库内清水泵紧急排放库内清水，但最后还是出现了尾矿库塌陷，到 20 日 0 点 44 分，100 万 m^3 尾砂泥浆溃泄而下，沿排洪沟、河道冲入峨河下游，绵延 10 余千米，致使尾矿库彻底损毁，选厂破碎车间彻底冲垮，办公楼、选矿车间全部被淹；运输队数十辆大型推土机、挖掘机、载重汽车被冲毁或冲走；沿途排洪渠、道路、场地等被淹没；太原钢铁公司峨口铁矿变电站被冲毁，铁路专线墩冲坏；淹没了繁峙县、代县沿峨河的农田、林地 37 万多平方米（约 560 余亩）。

事故分析：宝山公司位于山西省忻州市繁峙县岩头乡境内，是一家采、选联合工艺的股份制民营企业。该公司有两座尾矿库，其中发生溃坝事故的尾矿库，属山谷型尾矿库，设计库容 540 万 m^3，坝高 100m，属 3 等库。该尾矿库于 2005 年 3 月取得安全生产许可证。事故发生时该尾矿库初期坝刚刚建成，开始筑子坝。发生事故前，该尾矿库初期坝为土石坝，坝高 30m，上下游坡比为 1∶1.5、1∶2.0。初期采用中线法筑坝，后因粗粒尾矿量不足，企业自行改为上游式筑坝，总坝高 75m，下游坡比 1∶1.6，库内存尾约 150 万 m^3。经过认真调查，“5 · 18 尾矿库溃坝”是一起责任事故，事故原因如下：

直接原因：由于回水塔堵塞不严，从回水塔露出的尾矿将排水管堵塞，库内水位通过回水塔和排水管，从已经埋没的处于尾矿堆积坝外坡下的田水塔顶渗出，从而引起尾矿的流土破坏，造成尾矿坝坝坡局部滑坡。由于压力渗水不断，滑坡面积不断扩大，造成最终垮坝。

间接原因：

1）设计不规范。太钢矿业公司矿山设计研究所编制的《宝山矿业有限公司选矿厂尾矿库初步设计》及施工图件存在缺陷，对宝山公司尾矿库建设和生产形成误导。

2）自然因素影响。2007 年 2 月底至 3 月初，包括库区在内的五台山地区连降两场大雪，库区周边积雪达 0.5m 以上。雪后气温较高，冰雪融化速度快，融水沿尾矿库表面向局部渗透，尾矿库坝体的强度和稳定性降低。

3）尾矿库现场安全管理不到位。宝山公司对尾矿库安全生产不重视，在建设运营、日常安全管理上存在问题。一是擅自和超能力排尾。在没有建设新尾矿库的情况下，便将新增选矿的尾矿排入旧尾矿库，超过了尾矿库的实际承载能力，使其长期处于超负荷运营状态；不能保证有效的干滩长度，浸润线长期过高，坝体长期处于不稳定状态。二是企业长期没有聘用尾矿库安全技术管理的专业人才，不重视对员工的安全培训教育，对尾矿存在的重大隐患不能及时预测和发现。

（4）辽宁海城鼎洋矿业有限公司选矿厂 5 号尾矿库溃坝事故。2007 年 11 月 25 日 5：50 左右，辽宁省鞍山市海城西洋鼎洋矿业有限公司选矿厂 5 号尾矿库发生溃坝事故，致使约 54 万 m^3 尾矿下泄，造成该库下游约 2km 处的甘泉镇向阳寨村部分房屋被冲毁，13 人死亡，3 人失踪，39 人受伤（其中 4 人重伤）。

海城西洋鼎洋矿业有限公司于 2004 年 2 月 27 日成立，隶属于西洋集团。该公司主要拥有日处理矿石 1 万 t 的铁矿选厂和配套的尾矿库，选矿采用磁选工艺。年产 50 万 t 铁精粉。

该公司尾矿库分两期建设，其中 1 号库为一期工程，库容约 130 万 m^3，因未取得安全生产许可证，已于 2006 年年底停止使用，即将闭库；二期工程包括 2 ~ 5 号库，于 2007 年 7 月完成设计，10 月 16 日竣工，11 月 6 日取得安全生产许可证。二期工程设计总库容为 78.4 万 m^3，尾矿坝为一次性建筑土石坝，尾矿库等别为 5 等库，设计服务年限 5 年。其中，发生溃坝的 5 号库设计库容为 36.78 万 m^3，设计最大坝高 14m，内外坡比 1∶2。据中冶沈勘工程技术有限公司的测量结果：最大坝高约 22m，内外坡比 1∶1.7，目前实际库容约 80 万 m^3。

经专家对事故现场初步勘察、查阅有关资料分析，初步认为，造成这起事故发生的直接原因是：该库擅自加高坝体，改变坡比，造成坝体超高、边坡过陡，超过极限平衡，致使5号库南坝体最大坝高处坝体失稳，引发深层滑坡溃坝。

间接原因：

1）设计单位管理不规范。设计单位中冶北方工程技术有限公司矿山设计研究所无设计资质，却以中冶北方公司的设计资质承揽设计；在未签外聘合同的情况下组织外单位人员设计；在未作施工图设计和缺少验收条件的情况下在工程验收单上盖章。

2）建设单位严重违反设计施工。海城西洋鼎洋矿业有限公司擅自加高坝体，改变坡比，严重违反原设计，造成坝体超高，边坡过陡，坝体失稳。

3）施工单位管理混乱。施工单位甘泉建筑工程有限公司未与建设单位签订合同，以劳务合作形式提供20余人的施工人员，施工机械全部由建设单位提供，却在工程验收单施工单位上盖章。

4）监理单位失职。鞍山金石工程建设监理中心未与建设单位签订监理合同，未对二期工程进行有效的监理。

5）验收评价机构不认真，不负责。沈阳奥思特安全技术服务有限公司负责竣工验收评价，在没有施工记录、竣工报告、竣工图和监理报告的情况下，做出了该尾矿库是正常库、具备安全生产条件的评价结论。

6）安全生产许可工作审查把关不严。该尾矿库二期工程11月6日取得安全生产许可证，11月25日即发生溃坝事故。

（5）太钢尖山铁矿排土场重大垮塌事故。2008年8月1日零时45分左右，太原娄烦县境内的太钢尖山铁矿排土场发生一起特别重大垮塌事故，位于排土场下面的娄烦县马家庄乡寺沟村部分房屋被埋，死亡失踪45人，受伤1人。

国务院和山西省娄烦尖山铁矿“8·1”特别重大排土场垮塌事故调查组查明：事故的直接原因是排土场地基土质松软、承载能力差；企业超排；排土场设计依据不充分，地质资料不全，而且没有施工图；排土场下游的民房和散居人员没有得到转移；有关部门对排土场没有实行安全监测，4月份就发现了裂隙，没有采取有效措施。事故的间接原因是企业对安全生产不落实，隐患整改不力；政府监管不力，采取措施不到位，没有从根本上解决问题，导致事故发生。

（6）山西省襄汾尾矿溃坝事故。2008 年 9 月 8 日 7 时 50 分左右，襄汾县新塔矿业公司尾矿库突然溃坝，混杂着矿渣的泥水带着巨大冲力从半山腰一泻而下，未及时躲避的群众被淤泥卷走，确定死亡 262 人。塔山矿一座三层的办公楼整体被向后推移了15m 左右。这是 2008 年以来全国死亡人数最多的一起安全生产事故，损失很大、影响极坏。

发生事故的尾矿库位丁襄汾县陶寺乡，隶属山西省临汾市襄汾县新塔矿业有限公司塔儿山铁矿。尾矿库的总库容约 3 万 m^3，坝高约 50m。9 月 8 日的溃坝事故，尾砂流失量约 20 万 m^3，沿途带出大量泥沙，流经长度达 2km，最大扇面宽度约 300m，过泥面积 30.2 公顷。

经调查，导致发生事故的主要原因是，企业违法违规生产和建库，隐患排查治理走过场，安全整改指令不落实，当地政府及有关部门监督管理不得力。

发生事故的新塔矿区 980 平硐尾矿库，原属临汾钢铁公司塔儿山铁矿（国有矿山企业），建于 20 世纪 80 年代，1992 年停止使用。2005 年塔儿山铁矿产权公开拍卖给新塔矿业有限公司。国有企业时期的生产流程都是严格按照要求来进行的，生产过程中水域和流沙是分离处理的。那时安监工作也到位，全天 24 小时值班，并随时检查，一旦发生问题，立即解决。1992 年，这个尾矿库被封闭后，曾采取碎石填平、黄土覆盖坝顶、植树绿化、库区上方建设排洪明渠等闭库处理措施。伟新塔矿业公司通过拍卖购买了铁矿产权，本应该履行合法的手续，重新修建新的尾矿库，但矿方却擅自在旧库上挖库排尾，选矿排出来的泥沙和矿洞里的水都汇集于此，在这种情况下，水位不断被抬高，而水对土壤的渗透破坏力增强，改变了坝的坡度（即使没有下雨，也很容易发生坍塌事故），从而造成尾矿库大面积液化，坝体失稳，并引发了这起特别重大溃坝事故。

溃坝事件中的流体静力学及流体动力学分析：

如果尾矿库内堆的矿渣不是特别多，主要是固体状的矿渣就不会对坝体产生巨大的侧向压力。所以通常坝体不会自然垮塌——就像堆积如山的煤炭等一般不会自然垮塌一样。然而，超储并下雨之后就不同了——尾矿库内的矿渣和雨水形成了糊状的、大致遵守“液体内部向各个方向都有压强，压强大小与深度成正比”这一流体静力学规律的半流体。这使本来就年久失修、承受力已近极限的坝体受到“超负荷”的侧向压力，最终爆裂而轰然垮塌。堆积物作用于挡土坝体的侧向压力，也是“土力学”研究的内容之一。

因流体静力学规律，拦河坝和某些挡住山体滑坡的石坝，都要修成梯形截面。此外，为让泥土不至于成为半流体产生巨大的侧向压力而推倒挡土的石坝，有的还在石坝上修一些泄水孔，让雨水及时流走。

溃坝之后仅仅泄出约 26. 8 万 m^3 的泥石流，竟然会损毁下游约 0. 5km 远的矿区办公室、约 1km 远的集贸市场和约 1. 5km 远的民宅。那是因为泥石流长约 2km、最深约 20m，最大宽度约 600m，“流域”达到 30. 2 公顷（合 0. 302km^2）。要回答这个问题，这还得从流体动力学角度分析。

流体动力学中的“艾里定律”说，水游的速度增加到 n 倍，能冲走的物体的质量就增加到 n^6 倍。比如两水流的速度为 2∶1，那么能冲走石头的质量就是 64∶1。快速水流威力巨大的实例是，在 2002 年 11 月长江三峡截流龙口逐渐变窄时，抛下的单个重 3 ~ 5t 的特大石块和单个重 20t 的正四面体混凝土块，一下子就被流速 7m/s 的江水冲得杳无踪影！

由于尾矿库“高高在上”，所以库容物在冲破高坝束缚，形成泥石流奔流而下之后，速度就非常快，沿途带走的泥沙石等也就特别多。由此可见，“9 · 8”溃坝的主要原因，是采矿者违法违规超储和地方安监部门执法不力，下雨仅仅是可以预见的诱发因素。

（7）广东省南丹县尾矿坝大坍塌。2000 年 10 月 18 日上午，随着“轰隆”一声巨响，1. 5 万 m^3 的尾砂流冲破坝首，沿着 20m 宽的山沟狂泄奔腾，瞬间浊流滚滚，尾砂流所到之处，房屋倒塌。当地的一些群众还没回过神来，就被尾砂流冲走。据现场调查了解，坍塌的尾矿库在事故发生前，已存入尾矿砂约 2 万 m^3，垮坝时约有 4000m^3 的尾砂下泄，冲出距离达 500m，覆盖面积约 1.5 万 m^3。由于距离事故现场约 4km 处有一个面积较大的水塘，这个水塘长期以来一直作为洗矿外排废水的贮存池，事故发生时水塘对下泄废水起到较好的缓冲和澄清作用，减轻了对下游地表水的污染。监测结果表明，10 月 18 日在距事故现场下游约 1km 处，采集外泄废水样中的砷、铅、pH 值等各项指标均超过《污水综合排放标准》一级标准，其中砷浓度超出国家标准 99.6 倍。10 月 20 日在距离事故现场约 10km 的骆马河鸳鸯桥处监测地表水质，其各项监测指标均未超过地表水环境质量 3 类标准，水质与事故发生前呈明显变化。

南丹尾矿坝大坍塌，事故原因主要是因为业主对尾矿库管理不善，违规操作造成的。一方面，由于当地前段时间降水少，矿区生产用水不足，为节约用水、降低成本，业主有意使选矿废水在库内停留沉淀的时间延长，以便废水回用，于是违规操作，将溢流口的排水口设置在较高的位置，使大量的洗矿水积于库内，加上之前连续下雨，向库内补充了不少水量，库容明显增加，但业主仍未采取排水措施，致使库内水面与坝首持平，坝体尾砂难以固结，坝体无法承受库内水体的巨大压力而造成坍塌。另一方面，由于这家个体选矿企业超出原来设计的生产能力进行超量生产，使尾矿砂大大超过尾矿库的设计要求，加快了坝体垒高的速度，不利于坝首的加固，使坝体的抗压能力明显降低，从而易于垮坝。该坝被破坏的主要原因实际上是人为造成库水位升高，流土破坏。

5.7.2 国外尾矿坝安全事故案例分析

(1) 意大利斯塔瓦尾矿坝垮塌。斯塔瓦尾矿坝分为上方坝及下方坝，于 1962 年开始建设下方坝，用上游法筑子坝，上升的最终高度大约为 26m，坝的下游坡角平均为 32°；上方坝淤的初期坝施工结束，初期坝高 5m，由天然黏土建成，没有采用任何地基处理及加固手段，在大坝升到 10m 高以前是采用中线法筑坝，下游坡面角大约 40°，坡角伸入到下方汇水区域的软沉积层中。10m 高以上用上游法筑坝，下游坡面角角度不变。1975 年，上方坝继续进行堆积，下游坡面角变缓，平均为35°。在19m高处修建了一个4m宽的马道。1978年，上方坝堆积坝筑到26m高时暂停筑坝，可是自然地下水继续流入上方库的汇水区域。这样两坝后都蓄存着高水位水。1985年1月，当上方坝达到28m高时，在上方坝右侧低处坝坡发生小塌陷，其原因是排水系统涵管冻结堵塞，造成渗漏引起。1985年6月上旬，在下方库汇水区域出现30m宽，3～4m深的漏洞，这是由于排水涵管破裂，大量泥性尾矿漏出。1985年7月19日当上方坝升高到30m，下方库也蓄有大量水时，上方坝首先发生灾难性溃坝，同时也冲毁了下方坝，上下两坝的洪流淹没了阿维苏流域。该坝被破坏的主要原因是排水系统冻结堵塞，渗漏管涌及流土。

（2）圭亚那阿迈金矿尾矿坝垮塌。阿迈金矿位于阿迈河岸边，阿迈河宽仅几米，水流量为4.5m^3/s，与南非主要河流之一埃塞奎博河相连接。1995年8月，当尾矿坝中储存尾砂的高度离最终高度仅差1m时，曾对尾矿坝坝体进行检查并未发现异常情况。但8月19日深夜，发现尾矿坝一端漏水，黎明，坝体另一端开裂出水，喷泻而出的水，将含有25×10^{-6}mol/L的氰化物尾砂废水2.9m^3排到了阿迈河及埃塞奎博河，造成了近千人的死亡及非常严重的环境污染。阿迈金矿尾矿坝坝体建在残余风化土石基础上，坝体建筑材料有黏质、渗透性较差的残余风化土石，一座较宽的废石堆与坝体相连，残余风化土石也是废石堆的主要成分，废石堆延伸400m，直至阿迈河边。除坝的两端（坝体破坏位置）外，坝体均与废石堆相连。坝体破坏后，遍布在坝体中的裂缝明显可见，这些裂缝沿坝体整个长度扩展，最大的裂缝朝蓄水池方向旋转倾斜，在迎水坡面上，有20多个落水洞及沉陷洼地。

究其原因，在建坝期间，在堤坝底部安装了波纹排水钢管临时排水，在重型设备碾压管线周围的回填材料时，破坏了管路的完整性，为细粒材料流失创造了条件，由于没有采取其他有效措施阻止或有效控制管道周围回填料中的渗漏，引起坝体内部侵蚀破坏。另外细砂层与废石堆之间缺乏反滤，细砂可以较容易地从废石堆孔隙之间穿过，实际上是管涌破坏的典型。该坝被破坏的主要原因是渗漏管涌。

参 考 文 献

[1] 金钟集，石明．现代尾矿设施设计与管理维护技术及尾矿资源综合利用使用手册（第一册）[M]．北京：北京矿业大学出版社，2005.

[2] 张锦瑞，王伟之，李富平，等．金属矿山尾矿综合利用与资源化[M]．北京：冶金工业出版社，2002.

[3] 王雅静．大厂老尾矿综合回收关键技术研究[D]．昆明：昆明理工大学，2008.

[4] 王成庆，等．2008尾矿安全管理技术、工程设计实施手册[M]．北京：中国知识出版社，2008.

[5] 徐惠忠．尾矿建材开发[M]．北京：冶金工业出版社，2000.

[6] 李威，滕建军，杜伟玲，等　尾矿库生态环境治理工程研究[J]．中国矿山工程，2007，36（4）：25～27.

[7] 陈青，陈秀华，朱星．尾矿坝设计手册[M]．北京：冶金工业出版社，2007.

[8] 冯守本．选矿厂设计[M]．北京：冶金工业出版社，1996.

[9] 尾矿库安全技术规程．中华人民共和国安全生产行业标准，AQ 2006—2006.

[10] 黄鸿飞．汞选厂废水的回用[J]．有色金属（冶炼部分），1987，（1）：56.

[11] 编委会．尾矿库安全管理技术、工程设计实施手册[M]．北京：中国知识出版社，2008.

[12] 陈宝智．矿山安全工程[M]．北京：冶金工业出版社，2009.

[13] 杨丽红，李全明，程五一，等．国内外尾矿坝事故主要危险因素的分析研究[J]．中国安全生产科学技术，2008，4（5）：28～31.

[14] 蒋卫东．尾矿坝非线性系统混沌与安全研究[D]．长沙：中南大学，2003.

[15] 李忠奎，廖国礼．尾矿库溃坝监测预警系统设计研究[J]．有色金属（矿山部分），2008，60（61）：33～35.

[16] 潘建平．尾矿坝抗震设计方法及抗震措施研究[D]．大连：大连理工大学，2007.

[17] 何晶．拿什么拯救你？记山西省襄汾尾矿溃坝事故[J]．中国报道，2008，（10）：28～29.

[18] 吕晓宇，滕军伟．谁该为这场灾祸负责——山西襄汾“9·8”特别重大尾矿库溃坝事故调查[J]．劳动保护，2008，（10）：108～109.

[19] 宁远．5·18尾矿库溃坝事故分析[J]．劳动保护，2007，（12）：78～79.

[20] 徐日升，王海军．北意大利斯塔瓦尾矿坝特大事故的分析[J]．劳动保护科学技术，1994，14（2）：57～59.

[21] 范恩让，史剑鹏．几个尾矿坝垮塌事故的案例分析与教训[J]．资源环境与工程，2007，21（3）：290～292.

[22] 沈楼燕．关于尾矿库排洪系统设计中的问题探讨[J]．有色金属（矿山部分），2003，

55 (3): 38 ~ 40.

[23] 王凤江. 国外尾矿坝事故调查分析[J]. 金属矿山, 2004, 8 (增刊): 49 ~ 52.

[24] 陈仁政. 科学解读襄汾尾矿库溃坝事件[J]. 知识就是力量, 2008, (10): 14.

[25] 蒋卫东, 李夕兵, 张虹. 国外尾矿坝安全与环境研究综述[J]. 中国钨业, 2003, 18 (3): 40 ~ 43.

[26] 于志刚. 包钢尾矿库区域自然生态环境的恢复与建设[J]. 包钢科技, 2006, 32 (增刊), 103 ~ 105.

[27] 魏作安. 细粒尾矿及其堆坝稳定性研究[D]. 重庆: 重庆大学, 2004.

[28] 徐宏达. 我国尾矿库病害事故统计分析[J]. 工业建筑, 2001, 1 (31): 69 ~ 71.

[29] 于克旭. 调军台选矿厂浮选尾矿再选试验研究[J]. 金属矿山, 2005, (5): 53 ~ 56.

[30] 贾清梅, 张锦瑞, 李凤久. 铁尾矿的资源化利用研究现状[J]. 矿业工程, 2006, 4 (3): 7 ~ 9.

[31] 孙水裕, 缪建成. 选矿废水净化处理与回用的研究与生产实践[J]. 环境工程, 2005, 23 (1): 7 ~ 9.

[32] 衣德强, 范庆霞. 梅山铁矿尾矿再选与利用研究[J]. 矿业研究与开发, 2005, 25 (5): 44 ~ 45.

[33] 王兆元. 从太和铁矿选铁尾矿中回收钛铁矿的工业试验研究[J]. 江西有色金属, 2004, 18 (3): 16 ~ 18.

[34] 毛建秋. 贵冶转炉渣选矿尾矿选铁试验研究及生产实践[J]. 国外金属矿选矿, 2000, (9): 17 ~ 18.

[35] 最新地震[OL]. [2009-03-28]. http://www.csi.ac.cn/manage/html/4028861611c5c2ba0111c5c558b00001/_SUBAO/index.html.

[36] 地震数据与管理系统[OL]. [2009-03-28]. http://www.csndmc.ac.cn/newweb/.

[37] 汶川地震损失究竟是多少[OL]. [2008-09-07]. http://hi.baidu.com/%C0%D7%D2%F4%CB%C2/blog/item/fff4cac4ba890fcd39db4990.html.

[38] 沈楼燕, 龙卿吉. 汶川地震对尾矿库设计与管理的启示[J]. 有色金属 (矿山部分), 2009, 61 (1): 75 ~ 77.

[39] 阿树. 惊动总理的"博客"[J]. 湖南安全与防灾, 2008, (11): 23 ~ 27.

[40] 王翔. 稀土矿中汞、铅、钍的含量特征研究[J]. 资源开发与市场, 2008, 24 (12): 1063 ~ 1064.

[41] 戴前进. 中国混汞法采金地区汞的环境地球化学研究—以陕西潼关为例[D]. 贵阳: 中国科学院研究生院, 2004.

[42] 马颖颖. 环境矿物材料在汞污染治理中的应用[J]. 科技资讯, 2006, (11): 155 ~ 156.

[43] 王剑, 郭建, 许剑波, 等. 农田土壤汞污染治理技术的应用探讨[J]. 北方环境, 1999, (4): 36 ~ 37.

[44] 张从，夏大江．污染土壤生物修复技术[M]．北京：中国环境科学出版社，2000.
[45] 杜计划．从尾矿中综合回收铜、铁资源的技术与实践[J]．金属矿山，1997，(6)：18~19.
[46] 张景勇，周婷玉，邹声文．中国大陆强震分布不均匀特征西强东弱[OL]．[2008-06-27]．http://cache.baidu.com.

冶金工业出版社部分图书推荐